绿色矿山理论与实践研究

侯会丽　著

東北林業大學出版社
Northeast Forestry University Press

图书在版编目（CIP）数据

绿色矿山理论与实践研究 / 侯会丽著. --哈尔滨：东北林业大学出版社，2023.11

ISBN 978-7-5674-3361-8

Ⅰ. ①绿… Ⅱ. ①侯… Ⅲ. ①矿山建设－无污染技术－研究 Ⅳ. ①TD2

中国国家版本馆 CIP 数据核字（2023）第 249593 号

责任编辑： 吴剑慈

封面设计： 豫燕川

出版发行： 东北林业大学出版社

（哈尔滨市香坊区哈平六道街 6 号　邮编：150040）

印　　装： 北京银祥印刷有限公司

开　　本： 787 mm×1092 mm　1/16

印　　张： 12.875

字　　数： 172 千字

版　　次： 2024 年 1 月第 1 版

印　　次： 2024 年 1 月第 1 次印刷

书　　号： ISBN 978-7-5674-3361-8

定　　价： 46.00 元

前言

矿山的开发建设是当前我国拉动经济增长的重要环节，在现阶段，我国的绿色矿山开发与建设是社会经济发展形势下的矿业领域发展的重要方向和基本抓手，同时也是推进生态文明建设、践行绿色发展理念的必然途径。而我国当前绿色矿山概念的实质是一种新型的系统工程建设概念与发展模式。采取合理措施尽可能实现绿色矿山与周边生态系统的协调性发展，是当前绿色矿山建设领域的关键性课题。

绿色矿山的发展是生态文明建设核心理念在矿业领域中的具体实践，也是地矿行业推进生态文明建设的立足点和发展方向。生态本身就是生产力，保护生态就是发展生产力，而绿色矿山建设是避免矿山生态结构持续恶化的重要措施。基于此，本书从建设绿色矿山理论入手，对选矿节能减排技术、矿山环境保护进行了分析研究，对矿业废弃地生态开发技术、绿色基础设施与矿区再生设计进行了论述，并对我国绿色矿山发展做了深入研究。本书重视知识结构的系统性和先进性，结构严谨，条理清晰，层次分明，重点突出，通俗易懂，具有较强的科学性、系统性和指导性。

在编写本书的过程中，笔者参考了大量的相关文献资料，在此对相关文献资料的作者表示由衷的感谢。由于能力有限，时间仓促，笔者虽极力丰富本书内容，力求著作的完美无瑕，仍难免有不妥与遗漏之处，恳请读者批评指正。

著 者

2023 年 10 月

目录

第一章

建设绿色矿山理论

第一节　绿色矿山基础

一、绿色矿山概述

(一) 绿色矿山的内涵与外延

1. 内涵

矿产在自然资源中占有重要地位，是人类社会进步的源泉。当今社会，随着经济和人类社会的快速发展，社会各方面对矿产资源的需求也日益增长，对矿产资源的不合理开采所暴露出的问题同时浮现在大众眼前，并在社会上引起了强烈的反响。建设绿色矿山，关注生态安全问题，是现阶段缓解资源供求矛盾，走可持续发展的绿色道路的有效途径。

随着时代和社会的进步，绿色矿山的概念有了新的内涵和思考，目前为止，国内外许多研究者对绿色矿山的理念提出了自己的看法和建议，这些理念的提出为发展绿色矿山打下了坚实的基础。国内外对绿色矿山的定义存在差异，国内将其定义为“绿色矿山”，国外将其称为“绿色矿业”。一些研究人员指出，绿色矿山旨在保护生态环境，减少资源消耗和购买回收，并将开发和勘探矿产资源的过程融入绿色经济的实践。但对于国外采矿业，矿山的主要路线是开发和生产矿石，并不能保证他们生产产品的条件是否符合环保要求。国外绿色矿山的概念是矿山的开发和生产过程是绿色的，没有污染或污染最小化，这需要先进的技术和设备来确保。因此，国外绿色矿山的建设主要依靠矿山企业使用的先进设备。矿山企业改造或淘汰陈旧、污染严重的生产设备，购买设备制造商提供的改进型设备，从而形成完整的绿色设备产业，解决陈旧的矿山生产计划和管理手段，实现矿山绿色发展。

绿色矿业是新形势下采掘业的整体性改革，它不仅是对矿山环境的绿化和改造，还涵盖了矿业公司在勘探、开采、运输以及综合应用等领域的整个生产流程中，树立可持续发展和环境生态保护的理念。环境友好型矿业是指从矿产资源勘查开发、矿山建设、产品制造和废弃物回收等全过程的环境生态保护，以科学发展观和循环经济理论为指导，科学发展、低耗发展、高效发展、环境友好发展，合理配置矿产资源，进行高效安全的生产加工，生态文明建设将贯穿于矿业发展的全过程，考虑到矿产资源的有效利用和生态循环，最终实现人与自然的和谐统一。

同时绿色矿山的建设必须满足以下几个条件：首先，绿色矿山必须遵循《中华人民共和国环境影响评价法》及《中华人民共和国矿产资源法》的有关规定进行组织生产；其次，绿色矿山必须按照安全、高效、清洁、环保的原则进行开发和利用矿产资源；再次，绿色矿山必须以社会的可持续发展和资源的循环利用为发展目标；最后，绿色矿山必须以建设生态文明为基础，满足和谐发展、绿色发展的要求。

2. 外延

对绿色矿山的科学界定是建设绿色矿山的基础，对于绿色矿山的内涵，多年以来，众多科学家对其进行了研究，并发表了自己的看法。这对于我们研究绿色矿山的概念和外延都具有一定的借鉴和参考价值。研究分析矿业文化与绿色矿业文化之间的概念和特性有助于我们更好地对绿色矿业的外延进行探索。

矿业是重要的经济支柱之一，要了解矿业，先是要明确矿业生产和加工的对象——矿产。矿产是自然界中客观存在的一种资源，它是蕴藏在地球或地壳或水体中的固体、液体和空气生成的天然富集体，这个富集体在经济和技术方面都非常重要，它是矿山的价值所在，也是无机体或有机体的使用价值所在，可以为人类提供重要的生产和生活资料。矿业是社会生产的最初环节，是人类社会长期发展的物质基础。矿业是指将矿产作为一种资源，对其加以开发和利用，为经济发展提供动力，它包括矿物的勘查、采集、冶炼及对附属矿产资源的选取、冶炼及深加工的整个行业。矿业的开采场地、开采工具及开采人员随开采的资源而不断转移，没有固定的场所，由于矿山地质条件的复杂性，矿业工程尚难标准化。

矿业文化产生于人类开发利用矿产资源的整个过程，基于矿业发展实践并与矿业开发的艺术、知识和概念的总和相互作用，以及矿业发展组织、系统、行为和矿业带来的物质和精神财富。矿业文化具有丰富的内涵，知识、艺术与观念是矿业文化三种不同的表现形式，物质、精神与制度是矿业文化的三个层次。由于矿产资源的不同分类，矿业文化也会产生不同的分支，石器文化、铁器文化、陶器文化等是在同一时期或不同历史时期制作的不同器物，但它们都属于同一类矿业文化。

绿色矿山是一种新的发展模式，兼顾了自然资源和人类发展的双重利益，要求我们在合理的范围内开发利用自然资源，尽量减少或避免生态环境问题的频发及生态危机的进一步恶化，探索人与自然的可持续发展道路。

矿产资源的年增长量在不断扩大的同时也产生了一系列环境问题，资源浪费、水土流失、事故频发、地质灾害等，导致矿地关系日趋紧张。

绿色矿业文化是在长期的矿产开发活动中形成的，在企业和员工间被广泛认可的，具有一定现实意义和发展前景的价值观念。它的形成和发展以客观世界为物质基础，通过自觉遵守自然法则和环境规律来达到人与自然之间的一种平衡状态。绿色矿业文化是历史发展到一定阶段的产物，它伴随着矿业的发展历程而产生，区别于传统的矿业文化。目前我国矿产资源的保证程度相对较低，影响了未来经济增长和实现工业化的步伐，行业内整体技术水平相对较低，工业区较为集中，有完整的设备和工业链，但产业结构不合理，环境污染比较严重。传统的工业文化以追求经济利益增长为目标，忽视了对生态环境的保护和治理工作，这不但给企业的发展和生态的和谐造成了一定的危害，同时也阻碍了经济进步和人民生活水平的提高。绿色矿业文化继承了传统工业文化中对于矿业本质和规律的正确认识，摒弃了传统工业文化中的落后的行为和观念，是在新的经济形势下对于传统技术工艺和开采加工程序的改良和升华。绿色矿业文化建立在生态文明发展的基础上，提倡低碳发展、绿色发展和环保发展，是对人类传统矿业文化带来的生态危机的深刻反思，现阶段我国矿产资源日趋紧张，环境问题也层出不穷，绿色矿业文化为缓解资源紧张趋势和生态危机现象提供了价值导向，不但属于行业性文化，也是大众文化不可或缺的一部分。

(二) 绿色矿山的建设格局与成效

1. 建设格局

我国国家级绿色矿山的建设主要以煤炭和有色金属为主。以煤炭行业为例，煤炭是我国的基础性行业，长期以来占据主导地位，煤炭地质条件复杂，在其开采过程中易导致资源利用不合理、结构不合理、科技发展水平低等问题，导致开采过程中违反安全规定的事故频发。煤炭开发中会产生大量的温室气体甲烷，以及煤田火灾对大气造成了污染，由开采所引发的地面塌陷、破坏及煤矸石的堆放逐年递增，矿井水和煤泥水的排放也威胁着水质的安全。煤炭所引发的生态问题成为社会关注的矛盾焦点，对于煤炭技术的开发和变革就显得尤为重要。

我国有色金属资源分布广泛且丰富多样，是世界上有色金属矿产资源较为丰富的国家之一。世界上已经发现的金属矿产在我国基本上都有探明储量。其中，钨、锡、锑、稀土金属、钽、钛探明储量居世界第一位，钒、钼、铌、铍、锂居世界第二位，锌居世界第四位，铅、金、银等居世界第五位。有色金属矿产资源分布较广，但相对集中在少数地区，如铝土矿主要集中在山西、河南、贵州、广西等省区，钨矿主要集中在江西、湖南、广东等地，锡主要集中在云南、广西、广东、湖南等地，其中一些高品位矿产储量较大，具有较强的国际竞争力。

我国绿色矿山试点单位分布较广，横跨全国各个省、自治区、直辖市。由于技术水平和经济条件的不均衡，西部地区矿山数量较多，但绿色矿山的比重较小，开发难度大，中东部地区不论从绿色矿山的比重上，还是经济水平和技术手段都要优于西部地区。绿色矿山建设总目标的提出加快了建设绿色矿山的脚步，促进了示范矿区的资源综合利用效率，有利于国家优化能源基地和升级产业结构，为能源、资源与环境的发展确立了方向。

2. 成效

近年来，在政府部门和各省政府及企业试点单位的共同努力下，绿色矿山的建设已初见成效，主要可以归纳为以下几点：

（1）全面认识建设绿色矿山的重要性

建设绿色矿山，发展绿色矿业是建设生态文明的具体要求，也是贯彻落实科学发展观的重要举措，生态问题的持续爆发再次警醒人类对自身行为的反思和对自然环境的关注，缓解日益凸显的人地关系矛盾成为各项活动顺利开展的重点目标。国家通过开展对绿色矿山试点单位的示范性建设，通过各种宣传活动及研讨会的形式，积极推进绿色矿山建设工作全面顺利开展。各级政府部门积极响应党中央的号召，加强对地方矿产企业的审批和监管力度，绿色矿山建设的新思维得到行业内外的广泛认可，为生态文明建设和人地关系和谐及可持续发展打下了坚实的基础。

（2）国家相关配套措施和指导政策的建立

国家明确了绿色矿山的发展目标，并提出了“政府引导、规划统筹、企业主体、协同促进、政策配套、试点先行、整体推进”的指导方针。自然资源部要求企业提高矿产的资源利用效率，走高效开发、安全生产、综合利用的可持续发展道路。近些年，国家出台了一系列政策，从管理、技术、审批流程上加大了对绿色矿山的监管力度，在税收政策、资源配置和矿业用地方面也向绿色矿山试点单位加大了倾斜力度，以保障工作的顺利完成。

（3）管理、技术的提高完善

要使矿山的开采加工过程做到清洁、高效，就必须转变原有的生产方式和管理机制，淘汰落后的技术和设备。不同类型的矿山或者相同类型的矿山，因成因、结构和地质环境的不同，在生产工艺和选矿技术上都有很大的不同。根据绿色矿山的建设标准，我国现已经推出了一系列技术措施，并分为不同的种类，油气开采技术、露天矿技术、井下矿技术、选冶技术、综合利用技术及环保技术。目前我国通过优化采矿生产系统，利用条带开采技术或充填开采技术，分层胶结充填的采矿方法，复合矿、伴生矿、贫矿、富矿多种开采方式，大大节约了开采矿成本，提高了资源的利用效率。

(4) 保护治理矿区环境

传统的“先开发后治理”已不适应当代的发展要求，矿山需坚持“边开发、边治理”的开发模式，突破传统的以牺牲环境为代价换来的经济效益，对矿山进行整合，对废弃的窿口、场堆以及辅助设备进行了全面的回收和拆除，对废弃的土地，根据不同的地形地貌进行专项绿化整治。为防治地质灾害，在土质松软的地段修建排水沟、挡土和护坡来预防滑坡和泥石流的破坏。并通过地质灾害、水质污染等检测工程来监督和完善矿区的绿化建设。

二、建设绿色矿山的依据

(一) 阶梯式发展理论

找矿哲学是研究和指导勘查开发、建立生态矿山的理论基础，在地质勘查开发方面提供了准确的世界观和方法论。根据唯物辩证法理论，找矿哲学揭示了矿产勘查开发矛盾运动的认识规律和矛盾规律，人类在矿产勘探开发过程中面临的基本矛盾是人与自然的矛盾，唯物辩证法要求正确处理这一矛盾，为发展绿色矿山提供方法论指导。建设绿色矿山这一勘察思想的指导原则，既要求我们要解决矿产资源的保护与开采问题，又要解决勘查开发与保护生态环境的辩证关系。生态矿山建设不仅要改变人们的观念，更要建立相关的法律框架，提高人们对环境保护法律状态的意识，关注生态环境在人类社会发展中的作用，以实际行动践行生态矿山建设。

找矿哲学理论揭示了按照阶梯式发展规律建设绿色矿山的全过程，阶梯式发展理论不仅包含了物质世界运动演变的客观规律，也包含了人类认识运动演变的客观规律。它包含了辩证唯物主义的基本原理，即物质决定意识，意识反作用于物质。因此，渐进发展不仅是客观事物发展的必由之路，也是人类认识活动发展的重要形式。

依据阶梯式发展理论，绿色矿业的演变主要经历了四个阶段。

第一阶段，“绿色矿业”的概念由西方国家在19世纪提出，研究重点是植物保护和改善矿区周边环境，主要目的是改善环境和人类生存。此时，“矿山环境”被认为是绿色矿业研究的重要内容，但人类对矿产和矿区的认识和改造仍处于第一阶段——主要是为了满足人类生存的需要，人地关系处于相对和谐的状态。

第二阶段，工业革命之后，人类对自然资源的需求不断增加，1950年以来，人类的工业活动导致矿产资源的消耗也日益加剧，这使得一些人普遍认为地球资源，尤其是矿产资源是有限的，“资源效率”开始被看作一个研究课题。随着人类对矿产资源需求的增加和冲突的爆发，“绿色矿业”从简单的资源创造向资源的全面开发转变，成为矿业公司的发展目标，人们从原来简单地开采矿产资源转向高效率、低消耗地利用矿产资源。

第三阶段，即全球性阶段，20世纪80年代和90年代以来，社会经济的快速发展使与资源相关的问题成为全球发展的主要障碍，而工业文明时代社会造成的环境污染与退化问题不断加深，使得环境问题日益凸显，环境危机进一步加深。这一时期，人类对自然资源、人类和地球之间关系的认识处于一个相对落后的阶段，面对日益恶化的环境问题，追求经济过度增长的发展模式不符合持续发展的目标，威胁着人类和环境的生存。人类在对自然资源的利用和认识方面仍发挥重要作用，但我们对可持续发展和生态文明建设的认识方面仍处于起步阶段。

第四阶段，从20世纪末至今，环境问题的不断恶化和资源的日益匮乏，迫使人类改变原有的生产模式，而以尊重自然、顺应自然、保护生态环境的可持续发展成为人类社会的主题，生态开采也随之出现。在这一阶段，人类对矿物的认识从最初的简单利用到如今对于资源利用的反思，实现了质的飞跃，这一改变体现了人类在矿物发现过程中经历的“认识—实践—再认识—再实践”的过程，最终到达了人类与地球关系的现阶段。这是因为，在不同的历史时期，人类的思想和行动总是受科学技术水平的制约而沿着上升的轨迹发展。这一阶段出现了许多与过度开发自然资源有关的问题。这种过度追求经济利益的做法满足了人类的一时之需，却牺牲了子孙后代的长期可持续发展，不利于生态环境的保护。此外，一些企业过度追求经济利益，打破了社会利益与环境利益的平衡。为了兼顾经济利益和环境保护，实现长远发展，就需要改变原有的生产和发展模式，从思想认识和实践中走绿色矿山的发展之路。

（二）人地关系理论

人地关系理论是一个古老而复杂的论题，在地理学乃至人类思想史上都占有非常重要地位。人地关系经历了上百年的发展史，从原始的渔猎文明到农业文明时代，体现了人类与自然之间被动的和谐关系。随着工业文明时代的到来，人类开始利用科学技术征服自然，到现阶段人与自然关系的恶化促使人类转变人与自然的关系，进而演变为一种生态文明，强调人与自然的和谐发展。人地关系是人类与环境长期互动的结果，它们之间是一种依存和从属关系，其宗旨是促进人与自然和谐发展，实现可持续发展的战略目标。人类社会已经从工业文明时代进入下一个文明时代——生态文明时代，人与自然的关系也发生了很大改变。在工业文明时代，先进的科学技术被用来促进工业生产的发展，但人类对它们的应用是反自然的、机械的和简单化的，脱离了人类改造自然的过程，通过机械化的手段控制自然，众多的生态问题都是人类在生产活动时的肆意掠夺和不当排放中产生的，人地矛盾的加剧也是从这一时期开始加剧，人类开始意识到环境保护的重要性。在生产技术方面人类也在不断进行着创新和发展，使得人类从工业文明走向生态文明，以实现人类与地球关系的和谐发展。这是一个注重正确处理人地关系，解决人与自然矛盾，重新认识科学技术，寻求符合自然规律的生产技术和生产方式，实现人类可持续发展，回归自然，保护自然，实现人地关系和谐发展的时代。

和谐、可持续的生态循环和人类社会的发展是人地关系的核心。为此，我们必须尊重和顺应自然规律，人类的活动必须合理有序，符合自然客观规律，否则人类就会遭到自然的惩罚和报复。因此建设绿色矿山，关键是要在人地关系和谐的基础上，正确处理人与自然的关系。自然资源是宝贵的，人类不可能无偿获得，必须按照自然发展规律对自然进行保护和补偿，只有保护自然环境生态免遭破坏，人类社会的可持续发展才能得以实现。

（三）循环经济理论

建设绿色矿山应根据循环经济理论的要求。循环经济这一理论的提出主要是以科学发展观为指导，在生态环境的承载能力的基础上，通过合理需求和有效供给，实现自然资源的合理优化配置。这就需要我们用新的眼光重新认识自然，通过新的制度观、经济观、价值观、生产和消费观认识自然，尊重客观规律，寻求新的经济发展模式。循环经济就是要使产业结构适应社会经济、科学、技术和自然生态的各个领域，通过技术创新、高效生产、循环利用等多种手段，改变传统的经济增长方式，把生态环境保护与采掘区综合治理结合起来，以高效、环保、循环利用的方式开发利用矿产资源，为人类经济和社会的生态发展奠定基础，有利于转变我国的经济发展模式。

循环经济是以回收资源循环利用为原则的，努力提高资源利用效率以及对衍生资源的利用，促使资源得到有效利用并结合减少污染物排放的原则，从而实现资源开发与环境保护相协调、经济实现可持续发展、资源环境得到有效保护、人与自然和谐共生的双赢局面。发展循环经济，首先要做的就是打破传统思维观念的藩篱，在人与矿产资源供需矛盾持续加剧、环境压力增大、生态循环发展受到阻碍等各种挑战层出不穷的今天，发展循环经济已经成为改变经济发展方式、提高资源利用效率、减少供需错配的新途径。绿色矿山的建设是积极响应党中央提出的加快循环经济发展的有力体现。不仅可以有效提高矿区经济效益，促进经济发展方式转变和国民经济持续健康发展，而且是治理生态污染、改善环境的重要举措，也是控制生态污染、改善环境的重要措施。

（四）可持续发展理论

可持续发展理论是一种全新的发展理论，是近几十年人类根据前人的知识和经验，在认真思考人与自然关系的基础上发展起来的，它主要研究人类社会可持续发展进程的普遍模式及特点。可持续发展是在满足当代人的需求的同时又为后代人需求提供发展空间的理论，它是一种综合型的发展理论，主要涉及社会、经济、资源和环境关系间的和谐发展。

第二节　建设绿色矿山中的思维模式转型

一、价值观转型

（一）走出人类中心主义

作为文明社会和工业化社会的核心价值观，人类中心主义长期主导着人类的意识形态和行为规范，导致了人类社会的深刻变革，并取得了许多开创性的成就。发明、制造和使用先进的工具技术向大自然探索，在不断利用和改造自然界的过程中，将一切可利用的自然资源变为物质财富，将人类社会的发展带入了工业化和现代化。可以说，人类中心主义价值观的出现是人类认识史上的一次重大突破，这种思想的出现影响了人们的实际行动，决定了人类文明的进一步发展。所谓“人类中心主义”，就是以人为中心、人类高于自然的价值观。其实质就是一切以个人为中心，将个人的利益作为主要前提，人的价值最高，自然和社会只是为人服务的工具和目标。个人中心主义充分强调了个人的利益，包括个人的身份、尊严、隐私、创造及自我实现的价值等。

15 世纪的文艺复兴运动使人类的思想得到了极大的解放，以人的价值为标准的思想很快在哲学领域和科学领域得以弘扬，人类中心主义所倡导的思想对于发挥人类的主观能动性和创造力都有积极的推动作用，它强调了个人独立于他人的重要性，即人为了追求个人利益去生活和创造，个人具有最高价值。但是它存在严重的局限性，从过去看，人类中心主义促使人类创造了丰富的物质文化和精神文化，满足了人类对于繁荣的需求和自我价值的实现，是人类取得的成功，但从长远来看，这未必是最终的结果。人类在盲目追求自我利益持续发展的同时，是以牺牲多数人的不可持续为代价换来的，这极易导致贫富差距和两极分化，造成社会的不稳定性和生态问题出现的重要因素。

人类中心主义是人类认识世界、改变世界的伟大构想，从某种意义上说，它达到了自我标榜的目的，但这种“非自然”的思维却会导致严重的后果，它从根本上破坏了人类努力的意义，使人类陷入困境之中。人类在矿山开发过程中大规模掠夺自然资源，致使一些资源和物种枯竭、资源的浪费、水源和大气的污染，这些问题的出现破坏了人类社会乃至整个生态系统的平衡状态，破坏人与自然的和谐相处。在自然资源日益枯竭、环境危机日益加剧的当今社会，建设生态文明成为实现人类可持续发展的必要手段。建设绿色矿山，走绿色发展、循环发展、可持续发展道路，就必须改变传统的只注重个人利益、忽视自然界整体利益的方式。要正确对待环境问题和环境危机，就必须树立保护自然、保护地球的责任和意识，建立健全规章制度和相关的环境法律法规，使人类的行为趋于规范，并逐步提高对环境和环保问题的重视程度，肯定生态文明的价值观，摒弃以个人为中心的价值观。

（二）建立生态文明的价值观

随着社会的发展，人与人之间存在的社会矛盾、人与自然之间存在的生态矛盾成为人类进步和社会发展的主要动力，人与社会、人与自然的和解是人类发展的终极目标。人类中心主义强调人类活动，但在创造社会财富和精神文明的同时，却忽视了生物和自然的价值，因此加剧了社会和环境矛盾。由于矛盾日益突出，人们不得不改变原有的思维方式和价值观念，一种新的生态文明价值观油然而生。人类社会发展到一定历史阶段就产生了生态文明。生态文明是指人们在认知和改造自然的过程中，尊重自然的变化规律，努力消除改造过程中对自然的负面影响或将其降至最小，积极改善人与人、人与自然的关系，创造良好的生态环境，利用自然造福社会就是要实现人与自然的双向融合状态，这是我们在改善人与自然关系方面可以做的最重要的事情。

“人与自然界的和谐”是一种生态文明的价值观，其主张人与自然的和谐，反对自然与历史的对立。马克思和恩格斯曾这样表示：对共产主义者来说，全部问题都在于使世界革命化，实际地反对和改变事物的现状……特别是人与自然界的和谐。这种“世界革命化”的历史使命推动着人类社会的进步和变革，而现阶段我们面临的最大变革就是人类同自身及自然界的和解。一方面，自然界是推动人类社会的进步的有力保障，现实的自然是人类的自然，脱离人的自然界是不可理解的。另一方面，人类是历史的缔造者，是创造历史的主体，在改造和利用自然界中占主导地位，脱离了自然的人同样是抽象得无法理解的。

“和谐”同样是中国古代哲学理念的核心与精髓，为中国古代哲学家普遍所阐述和采用，对于这种优秀的哲学遗产，我们要将其发扬和传承，这是我们确立生态文明伟大价值观的思想来源。中国“和”的思想从古至今一直存在，它与生态文明的内在要求基本一致。

创建生态文明价值观是传统与现代的统一，是现阶段实施可持续发展战略、构建和谐社会的客观要求，是解决发展过程中环境问题的理论基础和指导方法。人类的物质文明和精神文明建设与生态文明建设息息相关，没有生态文明建设，人们就无法享受物质和精神上的幸福。生态矿业建设和生态矿业发展要把生态文明作为活动的出发点和目标，把中华民族的可持续发展提升到战略高度，确保生态环境得到极大改善，实现人类和自然的可持续发展。在减少生态环境和生存条件恶化方面发挥重要的引领作用。

(三) 确立自然价值的价值观

依据工业文明时代的基本价值观，世界是属于人的，只有人才有价值，大自然和其他生物不能体现其价值，大自然的科学价值和哲学价值因此被否定。由此形成了“人主宰自然”的以自我为中心的文化模式。要建设生态文明，发展社会主义和谐社会，就必须改变这种落后的思想观念，摆脱人类中心主义价值观的束缚，以尊重自然、保护自然的生态价值观为指导实现人与自然和谐相处。

自然价值是生态文明的核心价值之一，生态文明承认生命和自然具有价值，这包括两部分，即自然的内在价值和外在价值。自然的外在价值主要是指自然对人类和其他生物的有用性，即自然作为其他事物的工具或手段的价值。自然是一切生物的物质载体，满足人类和其他生物发展的需要及利益需求，人类的价值维度可以将外部价值分为商品价值和非商品价值。其中，商品价值一般被理解为自然对人类的有用性，即资源的价值，包括自然固有场所和自然财富、土地、空气、水、能源及地球上的其他资源，这些资源通过市场获得价值，成为商品，从而进入人们的生活，实现资源的价值。非商品价值主要是指自然对人类的科研价值、娱乐价值、历史价值等具有一定经济价值的抽象的、非商品形式的价值。自然的内在价值主要指生命和自然本身，这意味着自然本身的创造潜能并不是在人类社会出现之后才出现的，而是从地球诞生的那一刻起就存在的，人不是唯一的价值主体，但他与所有其他生物一起作为价值主体而存在。

自然作为一个有组织的生态系统，贯穿于人类发展的各个时期，植物、动物和人类作为群落生活在这个系统中；从另一个角度来看，我们发展的最终目标是保护地球生态系统，实现自然的良性循环。当前生态危机及经济危机产生的主要原因是人类对自然价值的否定，在之前的经济发展中，人类为了扩大利润和资本，不断掠夺自然，片面追求经济效益增长，导致资源匮乏、环境破坏、生态毁灭，形成全球性的生态危机，这是对矿产资源行业的严峻挑战。绿色矿山建设就是要肯定自然价值，抛弃工业社会的传统发展方式，引入环境补偿机制，使保护环境与促进人类发展并重，协调矿业发展与生态环境的利益关系，维护生态环境，积极积累治理和防治污染的经验和方法，以及并实现不同地区、不同利益群体的协调。

二、自然观转型

（一）人类服从自然——史前萌芽时代

原始社会时期，人类的文化主要基于自然文化，通过简单收集石器和狩猎来维持最简单的生存和繁殖。在缺乏基本农业和生殖活动的情况下，最早的人类生活在从埃塞俄比亚到南非的广阔森林之中，他们食用水果和种子以及一些小动物生存。此时，人类文明还未形成，仅限于自然文明，由此可见，此时的文明实际上是“不文明”的。在这一时期，人类的物质生产能力非常低，由个人完成生产，资源开发主要集中在对物质世界的探索和发现方面，动植物是社会的全部财产，知识生产与物质生产浑为一体。在这一漫长时期，人类开始利用自然界来谋求生存，经验的积累使一些人开始修建房屋，从事简单的生产活动，结束了持续的流浪生活，并推广使用石器、木材和火把；此时，科学形态仍处于萌芽阶段，尚未从生产中分离出来。

这一时期人类虽然开始发挥主观能动性，实现了人工取火，这是认识自然改造自然的伟大突破，但物质手段和精神世界的匮乏，导致人类对自然界的开发与支配能力十分有限，基本上没有物质生产。由于自然环境限制了狩猎、采集等生存活动，人类对自然存在着敬畏之心，在这种观点的指导下，人类只能以盲目的、动物性的方式适应自然，人与自然是一种原始协调、低度和谐的关系。这一时期的主要环境问题表现为物种资源的减少，为了保持人口与环境承载力之间的平衡关系，人类开始有意识地节约资源。

（二）人类征服自然——工业文明时代

工业文明首先出现在欧洲资本主义社会，并迅速蔓延到世界各地，成为人类历史上一次非常重要的变革。工业文明出现后，科学技术发挥了主导作用，物质生产的不断发展和分工各个分支的出现促进了资产阶级的出现，工业成为社会的基础部门，随之而来的是相应的生产方式和上层建筑。

化石燃料等能源推动了工业文明的发展，煤炭、石油和天然气等资源被大量开采并被投入到工业革命发展中，机械化和自动化等先进生产方式显著提高了生产效率，使生产力得到解放和发展。科学理论的形成推动了技术的革新，知识生产成为独立于物质生产的部门。在这一时期，人类主宰了自然，人与自然的矛盾开始出现并加剧，人与自然和谐的关系被打破，出现了环境污染，其中一些问题甚至威胁到人类的发展。提高生产效率和追求经济增长导致不可再生资源被过度开发，引发了资源的日趋紧张的局势，另外，由于人类过度开采和不合理的排污造成了大气、水质、土质不同程度的污染，加之这一时期人口数量不断增长，为了得到耕地而毁灭森林，很多地方因此成为不毛之地。由此可见，自进入工业社会以来，人与自然的不和谐关系显而易见，不仅加剧了人—社会—自然之间的矛盾，也制约了社会进步和经济发展。

（三）人与自然和谐相处——生态文明时代

“生态”一词最早出现于古希腊语，意为“家园、家庭”。总的来说，生态文明是人类为改造客观物质世界，不断克服改造过程中的负面影响，积极改善和优化人—自然—社会之间的关系，构建有序的生态运行机制和良好的生态环境所取得的一系列物质、精神和制度成果。生态文明是工业高度发达、社会形态演进到一定程度的结果，是社会生态的某种体现。这一时期的生产方式以信息化、智能化为主导，各种智能机器的出现从根本上改变了传统的技术手段，资源开发的方向是信息化、智能化，主要目标是尊重自然，促进人与自然的和谐。

生态文明的产生，在哲学史上以马克思主义自然观和唯物主义为基础，揭示了自然生态系统与社会生态系统的辩证统一关系，强调人类要从实际出发，辩证思考人与自然的关系，分析环境问题产生的根源，保护生态系统的平衡，促进人与人关系的和谐。马克思主义唯物史观揭示了建设生态文明的重要性，这就要求我们强调坚持物质第一，意识第二，人由自然界长期演化而产生，是自然界不可分割的一部分，人及其所建立的社会关系寓于自然之中，人类社会不可能脱离自然而独立存在，人类与自然之间是相互联系并相互作用的。资源、能源和环境在内的整个生态系统是人类社会发展的唯一物质基础，因此人们必须尊重自然、顺应自然、开发自然、合理利用自然。生态文明时代是人类发展的一个新时代，我们处于工业文明向生态文明过渡的时期。了解人类在历史演进中的作用，将有助于我们迈向更高的发展阶段。

建设绿色矿山是生态文明时代发展的必然要求，是人类历经数万年来思维和行为模式的突破性进展，从史前文明对自然的敬畏到工业文明时代对自然的过度消耗使人类的生存环境逐步恶化，生态危机的持续爆发和矿产资源的日益枯竭迫使人类反思自身的行为，建设生态文明的提出，不仅克服了传统利己主义发展模式的思想局限，而且指明了人类未来发展的道路和方向——要想实现人类社会的全面发展必须改变对自然的态度。

三、生产方式转型

绿色矿山的建设要求人类不但要树立正确的价值观和哲学观，更要转变传统的生产理念和生产方式，构建一种平衡资源、社会、自然之间关系的新型经济模式，即循环经济模式。

（一）生产理念转型

传统的思维方式是片面的，孤立的，忽视了自然界和人类社会的内在统一性，割裂了自然界同人类社会发展的历史性，将自然界看作是脱离人类世界之外的事物，这种观点的形成和发展就产生了主客分立的自然观，人类决定自然，并脱离自然独立存在，人类自身是衡量万事万物的中心和尺度。传统矿业的生产是为了取得高额利润，实现财富的最大化，这种思维导致了两种后果：第一，对工人的剥削，支付给工人更低的工资来换取大量的劳动生产力；第二，对自然界的剥削，无休止地开发矿产资源，导致不可再生的一次性能源几近枯竭，由于加工工艺的粗放，更导致了对自然资源的滥用、破坏和浪费。传统的开发模式过分强调人类自身利益的最大化，认为自然资源是取之不尽用之不竭的，自然资源可以无限地为人类服务，任何人都可以无偿地使用和开采，人类所产生的生活垃圾和工业垃圾都寄希望于通过环境自身的消纳能力来化解。这样的价值观会破坏环境的生态平衡，造成资源的大量浪费，生物多样性和生物栖息地的减少，人类对自然的肆意掠夺导致了生态系统的紊乱，随之而来的是大气污染、水土流失、地质灾害、病毒蔓延等危害的频发，这不但影响了自然界作为生命载体的持续性，也损害了人类自身的发展诉求，使人类的生存和发展处在长期的威胁当中。

现阶段人与自然的矛盾不断加深，人类开始对自身忽视自然价值和排斥自然规律所产生的生态危机进行反思，转变原有的人与自然、主体与客体相互分离的生产关系，树立生态文明价值观，落实高效、环保、节能、减排的绿色和谐发展理念，倡导矿业发展与环境保护齐头并进，探索出一条生产效率高，环境污染小，经济效益、社会效益和生态效益全面提高的新型工业化道路。这不仅是科学发展观的要求，也是遵循生态整体性思维和生态平衡发展的奋斗方向，突破传统生产理念的束缚，创建绿色发展的新思维。

（二）生产工艺转型

传统矿业以开发生产不可再生的矿产资源为主，采用的经济发展模式主要是线性非循环模式，它的生产工艺是“原料—产品—废料”，所以必将导致自然资源的浪费，也会造成环境污染，因此它被视为“高投入—低产出”的生产模式。为了追求产品最优化，很多矿产企业采取单一地生产过程，忽视了矿产资源的多样性，导致了矿产资源的大量浪费。传统的生产模式是一种不可持续的发展模式，是当代生态危机和社会危机爆发的根源，针对这种传统的开采模式，我们就需要转变传统的加工工艺，采用绿色采矿技术，加大对重大科技问题的研究，淘汰落后的工艺与生产技术，开发利用新能源，采用提高矿产回采率、矿坑矿井水资源综合利用、生产经营与管理数字化、优化露天采矿、土地复垦、节能减排、污染治理等技术，使工业的生产过程实现“资源—成品—废弃物—再生资源”的循环往复。

生产理念的革新不仅体现了人类的主观能动性，也使人类对于自然、社会和自然之间关系的认识达到了前所未有的深度，更好地诠释了阶梯式发展理论在建设绿色矿山过程中的曲折前进过程，是人类认识自然和改造自然的进一步升华，人类的认识高度和生产工艺在实践中不断得到提升和革新，不但使矿产资源的充分利用得到了飞速发展，同时也为建设绿色矿山提供了宝贵的经验和技术支持。

（三）经济模式转型

生产方式转型要求人类转变传统的生产工艺，建立生态文明的经济形态，即循环经济。它的主要特点有：第一，以自然价值为基础，通过经济手段和生态补偿机制对自然资源的消耗和破坏加以统计和补偿，充分考虑自然的承载能力，最大限度地提升资源利用率，促使资源节约，创造社会财富；第二，变革生产观念，重视资源的回收再利用，传统生产导致资源的大量浪费和能源的过度消耗，发展无废料生产，加大对尾矿和废渣的综合利用有助于减轻环境负担，实现资源的充分利用；第三，树立新的经济观——循环经济。在传统工业的单向非循环模式中，自然资源并没有得到有效的回收再利用，循环经济不但要考虑工业的承载能力，也要考虑自然环境的承载能力，只有在自然承载力范围之内的良性循环，才能达到经济和生态的均衡发展。

四、生活方式转型

（一）传统生活方式

生活方式是一种复杂但相对稳定的、综合性的生活活动系统总和，不同国家，不同民族都有各自独有的特征和生活方式。从居住方式看，中国古代长期保持着群体聚居的生活形态，以部落和氏族的群体居住为主要方式，这对于文化的形成以及人地关系的和谐相处有重要作用。随着石器时代的不断进步，到农业社会的出现，人类的文明不断进步，生活方式也发生了根本变化，逐渐形成了一种物质良性循环和污染较少的生存模式。商品经济的发展、资本主义的萌芽使得新技术、新工具从根本上变革了人类的生产技术，社会结构和价值观开始发生蜕变，社会价值观念和人类的生活方式发生了异动，机械化自动化丰富了人们的物质生活和精神生活，形成的却是一种高消费、高污染、高浪费的生活。

中国传统的生活方式在很长一段时间统治着人类的思维和价值观念，是一种固化的、惯例性的生活方式，它是人类在历史发展进程中认识世界、改造世界的起点和基础，由于历史的传承，任何国家，任何民族传统的生活方式都具有相对的稳定性，但在这个过程中，由于某些人为因素和社会因素的影响，传统的生活方式也会发生流变，但总体上保持着一种恒定的内涵。传统生活方式对生产技术的驾驭和自然资源的挖掘尚存在一定的局限性，对物质需求和精神需求也只停留在一种基本的、自然的状态，总体上是取之于自然还之于自然的和谐状态，但是随着物质世界的不断丰富和人类的繁衍及欲望的加速膨胀，一种新型的、现代生活方式逐渐产生，也随之带来严重的能源问题和生态环境问题。

（二）对现代生活方式的反思

进入工业文明社会后，人类的生活方式也发生了本质的改变，从传统的满足人类基本生存需求的生活方式变为一种以物质主义、经济主义、享乐主义为主要特征的高消费生活模式。现代生活模式的特征主要有：第一，高消费生活。中国是人口大国，煤炭消耗总量高，这种能源的高消费势必产生大量的烟尘、二氧化碳和二氧化硫，这不但加重了大气污染，也使人类健康受到威胁，目前高发的雾霾事件是大气污染的主要原因之一。第二，攀比型消费。当代人类除了满足最基本的生存消费外还会产生很多额外的消费，这种额外消费超越了生活基本需要的层次，是一种为体现个人地位、财力、身份和成就的攀比型消费，这不但影响着人类的价值观，也将人类过分追求个人物质和精神世界的欲望无限膨胀，导致了资源分配的严重失衡，同时也丧失了商品本身的价值。第三，超前消费，主要是指当人类的消费能力不能达到商品价值本身的时候而采取的一种消费方式，这主要包括贷款，预支等手段。这种消费方式在一定时期会对经济增长有刺激作用，但长此以往，这种消费理念会导致人类对物质需求的不断增加，滋生拜金主义和享乐主义，也会引发部分自然资源的浪费现象。

这一时期人类社会飞速发展，巨大的物质财富、先进的电子技术极大地满足了人类的物质和精神追求，促进了经济的高速发展。为了满足人类不断膨胀的欲望，这种肆意掠夺、挥霍、浪费自然资源的生活方式已大大超出了自然界的承受能力，不断出现的环境问题和生态危机警告人类必须转变现代这种不合理的、非可持续发展的生活方式，变革创新消费理念和生产方式，创建生态文明、良性循环的生活模式刻不容缓。建设绿色矿山就是要转变现代生活模式，倡导一种绿色、环保、循环、可持续的生活方式，不仅可以有效地缓解社会矛盾及生态危机的进一步恶化，也会使人类社会得以永续发展。

（三）绿色低碳生活方式

这一生活方式属于新的生活理念，是对人类现有生活方式的批判和反思。它以尊重生命和保护环境为宗旨，倡导人类理性消费，合理消费，绿色消费，将绿色消费和生态文明作为绿色生活的主要特征，以健康、简朴、低碳、环保的生活为发展目标，保护自然，减少污染。绿色生活首先是一种遵循自然法则，顺应自然规律，保护自然生态系统，有利于人—社会—自然永续发展的生活方式，再者，它倡导人类培养绿色出行、绿色增长、循环发展、生态建设的理念，使人类在满足自身需求的同时履行节约资源、减少污染、保护自然、绿色消费的责任与义务。生存是人类的基本目标，当生存得到满足后人们开始追求更高层次的对于美和幸福等精神层面的享受，但现代生活的大量生产、过度消耗及非循环发展的消费模式将阻碍人类经济社会的可持续发展，绿色生活与人类的生活目标是一致的，符合人类社会繁荣和生态系统稳定的需要，社会和自然的稳定才是人类追求平等和幸福的基石。

建设绿色矿山，发展绿色矿业，从根本上变革生产方式和生产理念，符合绿色低碳生活的发展理念和发展目标，使人类树立一种科学文明、公正简朴、绿色低碳的生活方式，引导人类改变消费生活——从崇尚物质转变为崇尚生态和精神文明，以综合利用代替单一开发、清洁生产代替污染生产、循环发展代替单向发展，不但可以有效地减少矿产资源的浪费，也可减少人类对于环境质量和自然价值的过度消耗，进一步迈向高层次的可持续发展的新型生活结构。

第三节　建设绿色矿山的模式探索

一、绿色矿山建设标准

建设绿色矿山，有其内在的标准和方法，以下主要从四点加以论述，分别是资源利用高效化、生产过程清洁化、企业管理严格化及矿区环境生态化。

（一）资源利用高效化

目前，我国矿产资源由于过度开发，资源综合利用率低，采矿、冶炼、深加工技术推广受到一定限制，高新技术采用率低下，资源分布不均，缺乏宏观调控，综合利用率低导致矿产资源形势比较严峻。绿色矿山建设中，矿产资源是首要因素，矿产资源的选择和利用是矿山建设的主要目的，如何开发质量优、污染少、利用率高的矿产资源成为建设绿色矿山、发展循环经济的第一要务。企业要致力于开采清洁高效的矿产资源，降低能源消耗，不仅要转变观念，还要转变技术装备，创新技术装备。

为了提高资源综合利用水平，使矿产资源的价值得到充分发挥，可以从以下几方面入手。首先，更新生产观念，增强资源利用效率意识。经济增长过度依赖资源，必然导致大量污染物的排放和环境的恶化，使有限的矿产资源无法得到充分利用。要提高资源利用效率，增强全民的环境保护意识，提高生产效率，最大限度地利用已开发资源。其次，从宏观上制定相应的管理措施，建立专项恢复基金，加大对稀缺资源的投入。通过制定矿业安全战略，创建多元化的资源市场和资源经营产业，促进战略性资源保护系统的适度消费，有效保护国家稀缺的矿产资源。最后，注重生产设备的科技投入，创建资源创新技术体系，在矿产开采过程中应用最先进的科技手段，确保矿产资源的高效和环保利用。

建设绿色矿山，发展绿色矿业，研究矿产资源的现状和发展前景是保证经济结构和生态环境可持续发展的前提和关键，深入开展矿产资源国情教育，积极向公众宣传环境污染的危害，优化产业结构，提高矿产资源的利用效率，最大限度地减少矿产资源在开采、冶炼、加工过程中的损失，是促进生态环境健康发展的有效途径。

（二）生产过程清洁化

作为一个产业，采矿业的整个生产过程可分为四个阶段，即勘探阶段、研究阶段、设计阶段、生产阶段。生产阶段是企业开采矿产资源、创造经济效益的最终落脚点。利用先进的技术设备和科学化的管理系统，有效减少固体废弃物的排放量和占地面积，可以节约土地征收费用和投资费用；对生产车间的改造和污水处理系统的升级也可有效阻止粉尘的排放及对河流造成的污染；加大科研力度和技术创新专项资金的储备，推广新工艺新技术，引进适合矿区生态重建的新技术。这些措施的推广不但可以美化作业环境，保障员工的身心健康，同时也可有效地缓解生产过程中对环境和生态造成的污染和破坏。

建设绿色矿山，要彻底改变矿山生产开发的理念和做法，就要推进清洁生产，科学调整原料结构和生产结构，可以从以下几方面进行控制：一是原料控制，在对原料进行收集和筛选时，重点选择环保型原料，选择产生废弃物和污染物较少的生产设备，提高燃料和资源的综合利用水平；二是过程控制，采用标准化工艺和先进设备对原料进行深度加工，以保证生产过程规范、清洁，污染物排放尽可能低；三是过程终端控制，按照国家绿色矿山污染物排放标准，采用先进技术和设备，全面落实废弃物治理措施和方法，对生产过程中产生的固体废弃物进行综合处理、循环利用，将传统矿业污染物终端治理转变为生产过程中的清洁循环利用和废弃物治理。

生产过程清洁化是建设绿色矿山最重要的环节，要促使企业形成“原料—成品—废弃物—再生资源”的循环产业链，以实现清洁生产和矿产资源循环利用，这样既可以有效提高企业生产效率，又能使矿产资源得到充分利用，从而缓解人口、资源与可持续发展三方面的矛盾，是发展循环经济、建设节约型和生态型社会的主要发展方向。

(三) 企业管理严格化

建设绿色矿山，发展绿色矿业，要以资源为基础，以管理为保障。企业是开发生产的主体，对开采、加工过程的严格管理和有效把控是关系矿区生态环境和整个生态系统的重要因素，科学有效的管理措施是实现企业发展目标的重要前提。作为矿山企业，制定科学严格的管理措施是实现矿山安全管理的最根本途径，改善生态环境是企业的终极目标和历史使命，这不仅关乎企业的生存和发展，也是保证矿业可持续发展和实现经济持续增长的重要支撑。公司治理不仅要在各级组织结构中应用先进的管理理念，实现公司的高效运营和经济效益的最大化，还要有效控制特定区域内与开发生产活动相关的不良环境影响。

实现企业管理严格化，需从以下几方面入手。一是要遵从企业的发展规划，根据发展的不同阶段制定适合的发展方针，在生产的各个环节实施科学高效的管理措施和管理原则，切实保障生产的顺利开展和矿区环境的绿色和谐。二是落实奖惩管理机制，应用环境适应技术手段，落实科技创新奖惩政策，对生产过程中的失误和错误及时进行批评、纠正，切实履行企业责任。三是通过技术改造，加大科技投入，切实提高矿山生产安全系数和资源循环利用率，降低固体废弃物排放量和环境污染率，维护企业安全、高效、环保的可持续发展。四是严把企业管理关，制定应急措施和重大事故整治方案，定期开展矿区安全生产检查，明确安全管理人员职责，建立检查队伍，有效防范事故的发生。

严格的企业管理是企业文化的具体体现，是建设绿色矿山的前提和基础，它们之间具有内在的统一性，没有严格的企业管理，企业利润的稳定增长和矿山环境的绿色化就无法实现，绿色矿山建设就无法顺利进行，环保问题就无法得到妥善解决。对企业进行严格管理，不仅可以有效规范人类利用矿产资源的行为，而且可以使矿山环境和人们的生产行为更加规范和合理，这在加强矿山环境生态建设、保障人民群众生命财产安全方面具有积极的示范作用。

（四）矿区环境生态化

矿区主要是指统一开采矿物的区域，包括已经开采过的区域、正在开采的区域和未来将要开采的区域。矿区环境是指与矿物和产品的开采、加工和生产有关的活动区域，以及与矿区有关的经济和政治生活区域。矿区是一个具有复杂立体结构的区域，它包含地表和地下的各种矿产资源，随着时间的推移，这些矿产资源的运动方式在一定程度上会发生某些变化，从而增加勘探和生产的难度。矿区环境是一个整体，包括矿区的生产经营系统、职工家属和当地居民的生活系统以及生态环境的良性循环系统，这些子系统的协同发展共同促进了矿区环境的生态化发展，而这些子系统的平衡方式也成为矿区发展的重要因素。

我国矿区大致分为三种类型。第一类是绿色矿区。在整个生产过程中，这类矿区坚持适度采矿、清洁生产和环保理念。虽然建设绿色矿区导致投资加大、短期效益不高，但在促进矿业可持续发展和矿区生态化方面做出了贡献。第二类是生产矿区。这类型矿区坚持传统生产和发展的理念，主要目的是创造高经济效益，忽视采矿环境导致出现了一系列问题，目前，鉴于矿区环境持续恶化，改造传统生产区尤为必要。第三种是荒废矿区。这种矿区是人类肆意开采和滥用造成的，致使这些矿山矿产资源枯竭，变为废弃矿区，尽管它们不会对环境构成威胁，但还需要采取回填、绿化等行动恢复当地生态环境。

矿区环境生态化是一项跨学科互动的系统性环境修复工程，涉及许多学科，旨在恢复矿区的环境。这要求我们需要深入研究分析矿山企业不同时期、不同地域的地质环境，因地制宜地进行勘探，尊重自然的内在价值，重视对生态环境的保护和恢复，强调环境保护的义务和责任，综合高效地利用矿产资源。创建绿色矿山，企业要通过更新技术装备，提高科技水平，用全新的管理理念和生产设施进行矿山开发，注重保护矿山的空气、土壤和水质，充分考虑矿山的环境承载能力，减少废水、废气、废物、残留物和其他污染物的排放，无论对土壤、空气还是水质的保护都需要运用科学的技术手段，加大矿区土地的重建工作，从源头把控，营造天人合一的优美、绿色、生态的和谐矿区环境。

二、建设绿色矿山的实践导向

建设绿色矿山是在市场经济条件对矿产资源管理理念的补充和升华。建设绿色矿山是对贯彻落实科学发展观、推动社会经济发展、保障社区稳定、维持生态平衡的必经之路，也是生态文明建设的内在要求，建设绿色矿山不仅能够有效缓解生态危机，还能对实现可持续发展、人与自然的和谐相处产生更加深远的影响。在实践中探索和建立绿色矿山发展模式、推动技术和政策的不断完善和创新、树立绿色生态文化理念是我国今后矿产行业发展的必经阶段。

（一）确立绿色矿山建设模式

1. 资源综合利用模式

矿产资源综合利用模式是为实现资源价值最优，树立废弃物被合理运用也挥成为资源这一理念，从生产观念上改变对矿产资源的认识，重视提高资源利用效率。资源的综合利用要从矿产的开采、选冶、加工、回收等多环节进行循环利用，改进采矿工艺和冶炼工艺，特别应强调的是对于尾矿资源的回收利用，这不但可以使废弃物资源化，还可以减少废弃物占地面积，解决废弃物地面堆放的占地问题，真正做到在高效利用资源的同时对矿区生态进行保护。

2. 循环经济模式

循环经济是社会发展中产生的一种新的经济发展模式，实际上是生产力的变革，是从线性生产方式到非线性生产方式的转化。循环经济历经了原始经济、农业经济、工业经济、循环经济、知识经济这五个不同的阶段，经济的发展必然导致经济理论的重大变革。如今，循环经济以科学技术为生产力，以环境保护为基础不断发展，人类与资源的供需矛盾日益凸显，环境承载力的逐步加大、生态问题的进一步恶化都为循环经济理论的提出提供了现实依据。面对经济全球化和科技的高速发展，发展中国家不能再走发达国家传统工业化的老路，不能再将传统的西方经济学运用到现阶段，要以科学发展观和可持续发展理论为指导，加快转变经济增长方式，提高矿产资源的开发利用水平，建立“资源节约型、环境友好型”的和谐社会，全面推进矿业经济持续稳健的发展态势，走循环经济的新路。

推动循环经济进步的有力措施——建设绿色矿山，发展绿色矿业。建设绿色矿山不仅是落实科学发展观的选择，也是我国经济、社会可持续发展的迫切需要。循环经济这一新的经济发展模式，要求我们在经济运行过程中对资源和能源的需求减量，用最少的资源创造出更多的财富。这就要求我们在矿产的开发和生产过程中要创新技术，提高工艺水平，优化开采生产系统，确保生产过程的清洁化和高效化。实践证明，环境保护不但是竞争力也是生产力，发展循环经济是社会进步和企业发展的必由之路。建设绿色矿山，发展循环经济大力推进经济增长方式的转变，并建立与之相适应的创新体制和规章制度，这不但在资源的综合利用上面取得显著成效，也使经济系统与生态系统能达到一个和谐平衡的局面，实现经济社会同生态社会的协同发展，使矿业领域迈上一个崭新的发展台阶。

3. 生态建设模式

生态建设模式主要从矿区的生态环境入手，树立以“安全、绿色、环保、清洁”为理念的企业文化，将生态矿山建设作为企业的工作重心，对尾矿库等区域实施自然恢复植被，美化矿区环境，同时要开展土地复垦工作，对露天矿区等工业废渣区开展平整、复肥、植树、种草等活动，使其达到降尘固沙的效果，不但可以防止水土流失，也可以使空气得到净化。消除工业废渣及粉尘对生态环境造成的污染。加强矿区生态环境治理要从思想上树立“既要金山银山，更要青山绿水”的理念，要在实际行动中践行生态建设模式，建立完善的环境保护管理制度，使环保工作有法可依、有章可循，也要落实环保专项资金的投入，建立完善的矿区保护管理体系，还要加强监督管理工作和环境保护应急管理体系，多重保障完善绿色矿山的生态建设模式，构建良性的矿山企业生态系统。

（二）推进绿色技术全面革新

绿色矿山的建设离不开绿色技术的创新和支持，“绿色”发展成为当前社会发展的广泛共识，各国开始聚焦绿色技术的发展。环境污染的不断出现和雾霾天气频发的天气状况，究其原因，最根本的就是企业为追求高额利润采取高投入高污染的传统生产模式所致。传统的发展模式过分注重生产规模和经济效益，而忽视了发展过程中的生产技术和生产质量，片面追求经济效益不但会使矿产资源遭到浪费，也不利于生产技术的研发和创新，不从源头上转变生产方式和生产技术，环境问题将会继续恶化。绿色技术是一个具有前瞻性和革新性的技术体系，它是将生态学渗透到传统技术的创新体系，使生态观念融入技术创新的每个阶段，把技术创新向生态保护和资源节约的方向引导。绿色技术在一定的环境下进行，并受各种因素的制约，全面考虑绿色、生态、环境等因素在技术创新中的促进作用，从源头上避免非绿色技术进入生产领域，才能真正实现资源的集约化管理和人类与生态的可持续发展。

（三）完善绿色矿山建设制度

建设绿色矿山，发展绿色矿业的指导思想是全面、协调、可持续的发展观，将生态文明贯穿到矿山建设的每个环节，这不但要求企业从自身状况出发转变落后的生产技术和生产观念，也需要加强政府的宏观领导，完善相关的法律法规政策，积极推进绿色矿山制度改革。目前，我国关于绿色矿山建设的相关法律法律体系还存在缺陷，主要表现在环境立法与实践活动中存在的脱节问题，我国环境立法体系中还未建立起关于绿色发展、生态文明的理念和思想，环境保护的执法力度和司法程序也面临重重阻碍。我国在绿色矿山制度建设方面，应当借鉴国外的先进经验并结合我国的国情，从企业、社会、环境等角度出发来完善绿色矿山的制度建设。

绿色矿山建设是矿业可持续发展的必由之路，建立相应的绿色矿山激励机制和生态补偿机制对于社会效益和生态效益都有显著的作用，国家应当对绿色矿山企业实施优惠政策，从矿山用地、治理资金、税收等方面做出相应的调整，加快环境立法步伐，完善审批制度和审批程序，建立强有力的环保制度，积极引导和鼓励矿山企业自觉走绿色发展的道路。无偿的环境使用制度是造成环境恶化的根本原因，生态补偿机制的目的是保护生态环境、促进人与自然和谐发展，依据生态系统服务价值、生态保护成本、发展机会成本，运用财政、税费等措施，调节生态保护者、受益者和破坏者利益关系的一种制度安排。建立生态补偿机制，促使矿山企业环境行为的外部性内部化，协调区域之间的发展，才能真正解决生态问题。

（四）构建绿色生态文化体系

构建我国绿色生态文化体系，首先要明确何为绿色生态文化。绿色生态文化建设是文化建设的重要组成部分，在我国构建绿色生态文化体系，第一步要明确什么是绿色生态文化，绿色生态文化是文化建设的重要因素，建设绿色矿山，构建生态文化体系，要根据当前绿色发展的实际状况，对传统的文化体系进行科学化、系统化、理论化、批判化的重新提取与梳理，保持我国绿色文化的民族性、先进性和科学性。不但要将民族的传统文化融入绿色生态文化体系的建设当中，还要从绿色文化的各个方面——内部创造力、外部吸引力和市场渗透力进行改进。绿色生态文化体系不是单纯地对生态环境进行保护和治理，而是企业的生产技术水平、科技创新水平的综合提升，在加强绿色产业研究的同时，还要不断提升企业的科技水平和管理理念，充分利用市场经济的特点，形成科学、绿色、生态的文化理念，将资源的集约化利用同环境保护和社会进步进行科学的统筹规划。

走新型工业化道路，进行绿色生态文化体系建设，必须统筹好当前利益和长远利益的关系，树立可持续发展观，摒弃只顾当前利益，过度开采和浪费矿产资源的做法，走新型工业化道路，即降低资源消耗，提高经济效益及充分利用人力资源，避免因资源枯竭所引发的社会问题。另外必须科学统筹社会发展与资源节约和环境保护之间的关系，传统的经济增长方式让我们付出了沉重的环境代价，绿色生态文化所倡导的绿色伦理观念是一种基于环境和谐、人文和自然相结合的文化理念，它旨在促进人与自然的和谐相处，将生态文明建设活动贯穿于人类活动的全过程，提升公众环保意识，形成对绿色生活方式的认同。加强绿色理念对公众的行为和思想上的指导作用，使人类能够自觉地遵循自然规律，用先进的生态文化推动我国绿色矿山的建设事业不断向前发展。

总之，绿色矿山的建设工作是漫长而持久的，要统筹兼顾社会的整体效益和企业的经济效益，这需要考虑绿色矿山建设过程中各个要素之间的协调关系，在充分发挥人的主观能动性的同时要尊重自然规律。物质的基础性作用是一切事物发展壮大的根本，绿色矿山的建设不但要以物质基础为前提，按照自然规律来开发利用矿产资源，更要考虑环境的承载能力及事物发展的规律性和曲折性，从全局出发，防止片面性。

第二章

选矿节能减排技术

第一节　矿石准备作业阶段的节能减排技术

一、概述

选矿企业的能耗主要是不同用能设备满足一定的选矿生产工艺要求的能耗。因此，除了改造、更新设备进行节能减排以外，改进选矿工艺也是节约能源与材料消耗、降低排放的一个方面，而且尤为重要。选矿企业的生产具有非线性、多变量、时变性、大滞后、强耦合的特点，控制这些过程似乎比化工过程和冶炼过程更加复杂。

改进工艺实现节能减排具有以下几个特点：

（1）工艺改进是一项根本性措施。改进一项工艺，可能会取消某项设备。对于该设备的更新改造问题，在这一生产过程中就失去了意义。

（2）改进工艺路线对某一设备来讲具有更加显著的节能效果。

（3）工艺改进投资较低。

（4）工艺改进能节约原材料、劳动力以及场地等方面的投资。

二、简化优化原有的流程

（一）包含预先筛分的磨矿工艺

球磨机的处理能力决定了选矿厂的生产规模。提高球磨机的加工能力可扩大生产规模、降低生产成本。

1. 工艺介绍

在工作过程中，细颗粒物料包裹在粗颗粒表面，它们充当“枕头”在大颗粒表面旋转，从而防止钢球的冲击和大颗粒的锐化，降低磨矿效果。预先筛分工艺分离了大部分细颗粒材料，使钢球与粗颗粒的接触面加大了，这样不仅使磨矿效果提高了，还减少了物料的过磨现象。

磨矿时应先研磨粗颗粒，保证出料均匀，保证球磨机内外物料的平衡，避免球磨机材料过多出现“胀肚”现象。这样才能保证球磨机持续运转，使机房加工效率得以提高。

球磨机对大块物料的粉磨主要是在大直径钢球的冲击下进行的，而大部分合格粒级（细粒级）则是通过钢球的研磨完成的。由于小直径钢球比表面积大，钢球在球磨机中的分级成为一个难题，合理的比例可以在一定程度上提高研磨效果。

该工艺具有以下特点：在开始破碎粗金属之前，先根据粗金属的特性进行预先筛分，对细粒物料进行预筛。筛下产品和球磨排矿被送入旋流器进行分级，筛上的产品和旋流器沉砂被送入球磨机。

2. 节能减排总结

预先筛分工艺的运用使选矿厂的球磨能力得到了提高，旋流器进料粒度得到优化，旋流器分级得到改善。这不仅节约了能源，还降低了磨矿钢球的消耗量，减少了矿石过度破碎，优化了选矿技术，提高了经济效益。

（二）半自磨—碎矿—球磨（SABC）工艺

1. 工艺介绍

SABC 工艺流程是将所有“难磨颗粒”从半自磨机中分离出来，并在破碎后再次返回半自磨机。自磨机的产品经过筛分和分选，筛下产物被送入第二级球磨机；筛上产品由输送机运送至顽石仓，经由顽石破碎机破碎，破碎后的产品被再次送回半自磨机。适应矿石性质的变化是 SABC 工艺流程的一大优点，在提高自磨机对硬矿石的处理量方面尤为有效。这种破碎方案简化了工艺流程，取消了中碎和细碎作业，使生产停机时间减少了，成本降低，操作简便，创造了良好的生产环境，而且降低了传统破碎过程中典型的高粉尘污染和高维护强度。

2. 节能减排总结

通过对 SABC 工艺的研究和开发，选矿企业发现大型半自磨机是替代传统破碎和磨矿工艺的高效的现代化设备，它大大降低了施工复杂性和空间需求，同时也降低了设备维护强度和生产运营的成本，是降低选矿生产成本的一个重要手段。SABC 工艺符合能源和环境要求，并为其他矿山的开发提供技术支持。

(三) 半自磨—球磨 (SAB) 工艺

1. 工艺介绍

当矿石性质处于适用自磨和球磨的临界值上，产品粒度要求较细，一段自磨不能满足产品细度的要求，而又不能产生足够数量的“砾石”作为第二段砾磨的介质时，多采用半自磨—球磨工艺。国内近年建设的自磨选矿厂，大部分采用了半自磨—球磨工艺，如太钢袁家村铁矿、内蒙古乌努格土山钼矿、昆钢大红山铁矿、铜陵冬瓜山铜矿等。

与传统的破碎和研磨工艺相比，设备购置成本低、工艺流程更短、生产区域和厂房建设的资金投入更低、消除采矿和选矿厂破碎过程中的粉尘等问题是 SAB 工艺的优势。此外，设备维护费用低、材料消耗低、操作简便、生产环节少、生产成本低，尤其是当矿石性质与矿物的可破碎性和细度匹配时，上述优势更为明显。

2. 节能减排总结

(1) 与传统破碎相比，半自磨湿法磨矿具有很多优点：辅助设备易于分类、粉尘少、环境有利、能耗低、物料处理方便、可控性好和维护简单，等等。

(2) 半自磨工艺由于受到矿石种类的限制，与常规的破碎和研磨工艺相比，其可能性有限，但破碎比大，可大大缩短流程，节省占地面积，在基建投资、设备购置费用、持续维护等诸多方面都具备一定的优势。在生产实践中，根据矿石性质和生产条件的不同，对其进行不断改进，以显示其优越性。

(四) 预先分级工艺

1. 工艺介绍

在工业生产中，通常使用的湿式磨矿分级设备为螺旋分级机，其分级效率通常为 40%～60%，而水力旋流器的分级效率一般为 65%～85%，直线筛的分级效率一般为 85%～90%。由于分级效率存在差异，人们通常用水力旋流器替代螺旋分级机。使用水力旋流器代替螺旋分级机可以显著提高分选效率和研磨效率。而且旋流器分级机能够极大减少过磨问题，降低球磨机能耗，且选别条件优于螺旋分级机，也更有利于选别效率的提高和稳定。

预先分级工艺与选矿相结合体现了以下几个特点：

（1）采用预筛分后，溢流、沉砂以及其他可利用矿物之间差异明显，有助于提高筛分效率，减少筛分过程中的药剂消耗。

（2）精选后的矿渣分支从溢流选别系统进入沉砂再磨再选系统，使可利用矿物连生体完全分离，有利于提高筛分指标。

（3）减少平均矿石循环量，提高生产能力，改善工艺，方便操作。

2. 节能减排总结

预先分级工艺较好地解决了分级效率低和溢流细度低的问题，由于铜硫分离工艺过程中，分级效率和溢流细度没有按照工艺标准进行改变，导致二段再磨分级给料粒级发生变化。预先分离出来粗精矿中的细粒级，这样可以减少球磨机负荷，球磨机少运行一台能适当降低成本，也能减轻其自身的损耗，提高工作效率，增加溢流中粒度小于 74 μm 颗粒的含量，有效提高二段铜回收率。

（1）粗精矿预分级新技术可以使分选效率得到显著提升，改善小于 74 μm 颗粒的溢流，避免过磨现象发生。

（2）该技术有效地解决了在生产过程中，使用相同的分选设备时，由于矿量大、粒度组成发生变化所产生的溢流跑粗、沉砂跑细等问题。

（3）该技术预先筛出了粗精矿中的细粒，减轻了球磨机的能耗，原技术需要两台球磨机才能完成工作，应用该技术可以减少一台，这在电耗和钢球的单位成本方面实现了节约。

（五）技术改造的磨矿工艺

老矿山节能减排的有效方式就是进行设备工艺技术改造，以实现节约能源减低损耗的目的。

1. 工艺介绍

磨矿工艺重新设计的目的是使碾磨工艺通过改造实现智能化、配置优化、节能降耗、使用方便、技术先进、易于维护和操作，并使工作环境得到有效改善。

2. 节能减排总结

技术改造的实施为现场管理创造了一个良好的环境，由于设备的减少，车间内的噪声、粉尘等环境污染指标将大幅度下降。同时，设备减少以后，车间检修空间相对增加将给设备维护创造有利条件，设备的减少将降低运行维护的工作量和劳动强度，具有良好的社会效益。

开展技术改造，为设备管理提供了良好的环境，随着设备的减少，车间噪音、粉尘等环境指标也会明显降低。同时，设备削减后车间维修面积会相对增加，有利于之后进行设备维修，设备削减减轻了工作人员运行维护的劳动强度。

二、应用自动化技术的流程

（一）自动化集中控制的破碎工艺

1. 工艺介绍

破碎筛分自动控制工艺通过集中控制、逻辑控制和矿石破碎过程中主输送带与设备之间的逻辑联锁，可实现设备的反向顺序启动和顺序停止，以及现场人工启停，主要分为两种，即安全控制和过程自动控制。

（1）破碎筛分过程安全控制

①矿石料仓中的料位检测、显示和报警

当检测到中碎、细碎和粉末矿石料仓中的料位时，控制室的 PLC 系统会收到信号并进行集中显示。当料位不符合规定值时，系统会发出警报并传送至警报室。

②监控破碎机的运行状态

颚式破碎机和圆锥破碎机的保护装置由其自身的 PLC 控制系统进行补充。颚式破碎机和圆锥破碎机的参数信号可接入 DCS 中央控制系统，圆锥破碎机由于自带通信接口和辅助软件可以直接接入中央控制系统，系统经过分析接收到的信号及时向中央控制室发出警报，远程显示设备状态并进行控制。

③金属探测器和除铁器

在输送带上安装金属探测器和除铁器，当检测到输送带上有金属部件时，可迅速发出警报并停止输送带，防止破碎矿石中的金属物损坏破碎腔。

④带式输送机工作状态监测

监测破碎作业中带式输送机的偏差和电机的异常状态，实现对输送机状态的保护和报警。

⑤设备电机过载电流监控

该检测器可检测工作过程中各个设备的电机电流。如果检测到设备的电机电流过大，为防止电机因此被烧毁，必须采取适当措施并发出警报。

（2）破碎筛分过程自动控制

破碎生产的过程控制主要实现对中碎机、细碎机、筛分机效率的分析、控制，以及检测和测量重要的矿石量。

①粗碎机的给矿控制

PID 调节指令主要来自以下四种参数，即带式输送机电子秤、圆振动筛负荷（电流值）、中碎矿仓料位、细碎矿仓料位平衡，上述参数都未达到上限时，应自动按照以上参数设置，智能增减物料。

②矿石检测与控制

给料机频率转换 PID 控制由破碎机腔位检测信号触发，改进作业中遇到的一系列问题，如物料溢出、设备空转、给料不足等。每台破碎机都配有接口和辅助软件，可直接通过技术手段读取信号，以便更好控制给料机的 PID 频率，从而达到最佳高效负荷效率。

③检测和测量传送带上的矿产资源余量，同时，将检测到的信号发送至 PLC 系统（控制室）集中显示。

④各设备的逻辑联锁和控制。

⑤重要设备的保护和报警管理。

2. 节能减排总结

在采用更新设备、优化工艺参数等一系列措施之后，基本实现设备多碎少磨，减少员工数量，提高整体改造效率，使后道工序改造运行稳定，在节约能源的同时取得显著的经济效益。

(二) 采用自动化技术磨矿分级工艺

在精炼过程中，破碎分级工序是主要环节，其工作状态对精炼过程的好坏具有决定性影响，能耗和生产成本直接关系精炼厂的生产能力，下游工序的性能对整个加工厂的经济和技术性能具有重要影响。加工能力、产品质量和下游工艺性能与整个厂的生产能力直接相关，具有决定性影响，工业实践结果表明，对破碎过程实施自动控制是实现高效选矿的关键。

1. 工艺介绍

通过对磨机的物理参数和原料参数进行全面分析和评估，自动磨矿分级控制系统采用先进的控制技术，对磨机给矿率、磨矿含量、分级溢流进行优化控制。

通过磨矿分级系统控制磨矿分级过程，可大幅提高磨矿分级效率，将有用矿物和脉石从单体中完全分离出来。这可以大幅提高磨矿分级效率，保证溢流产品的质量，选矿厂也会取得更大的经济效益。

磨矿分级作业的过程十分复杂，各参数之间的联系非常密切，依靠PID控制器的一个输入和一个输出，很难达到良好的控制效果；因此，必须使用模糊控制器来对各个控制回路进行协调，从而实现智能化控制系统。从控制回路的特点来看，我们可以采用不同的控制策略。对于简单电路，可采用智能控制；对于复杂电路，可采用顺序控制、模糊控制等方式。智能PID控制电路的每个设定点都由相应的模糊控制器根据系统的运行情况自动计算。随着矿石硬度、粒度、磨矿介质、负荷等的不断变化着，球磨机的最佳性能也随之发生变化，因此，选矿厂必须对设备操作程序进行及时调整。

2. 节能减排总结

选矿厂的自动磨矿和分级处理可确保磨矿过程中的给矿平衡，提高磨矿效率，改善分级流的粒度分布，降低难选粗粒矿物的比例，保持生产过程的稳定性，降低工人的劳动强度，对提高选矿厂的技术参数和经济效益起到关键作用。

第二节　选别作业的节能减排技术

一、磁铁矿全磁选工艺

在以前很长一段时间，大多数选矿厂使用常规的圆筒式磁选机处理磁铁矿石。虽然可以通过多种方式（磁选机规格、给料布局、槽体设计和工程改造等），选择性减少磁性夹杂物和非磁性夹杂物，但由于“磁团聚”效应，最终磁铁矿精矿中的二氧化硅含量仍然很高。为了获得品质较高的铁精矿，不少选矿厂采用了不同的方法，利用新型磁选设备对全磁性过程进行分离，为炼铁过程提供了高质量的原料，为炼钢过程的节能减排做出了贡献。

（一）工艺介绍

传统的磁选设备由于技术原因不可避免地会产生磁性夹杂物和非磁性夹杂物。所以使用新型高效的辅助设备在工业上实现提铁降硅工艺是磁选工艺成功的重要前提。磁选法的优势主要有以下几点：工艺简单、易操作、成本低廉等。新型高效的磁选设备，如 BX 磁选机和磁选柱，与传统的弱磁选设备相比具有非常明显的优势。显然精矿质量得到了提高，磁性夹杂物和非磁性夹杂物的分离效率也提高了，金属回收率因此降低。由此可以得出结论，磁铁矿磁选工艺在目前来看是现代先进的磁铁矿提铁降硅工艺。

（二）节能减排总结

（1）磁铁矿全磁选工艺：无污染、开口少、流程短、不复杂、投资少、工期短、成本低、效率高。

(2) 根据生产运行期间的预算，采用全磁选提铁降硅新工艺增加了铁精矿的单位生产成本，但提高了矿石的入炉品位，降低了焦比，提高了高炉利用率，这最终将体现在吨铁生产成本的降低上，使提铁降硅的总体目标得以实现，降低成本并提高工艺效率。

二、自动化控制的浮选工艺

目前，我国有色金属处理方式超过 90%都采用浮选法。浮选属于处理矿物的一种方法，包括许多工艺参数。过去，浮选过程的参数一直依靠人为控制，这导致矿浆 pH 值不稳定，浮选药剂和用水量高，严重影响企业的生产成本和产品质量。因此，在浮选过程中使用计算机技术，动态自动测定和实时控制各项工艺参数，使浮选剂用量达到最优，精确控制矿浆浓度，有效提高技术性能，降低生产成本，提高产品质量，意义重大。

(一) 工艺介绍

目前，浮选作业自动控制是国内外选矿自动化领域炙手可热的研究领域。在计算机技术以及自动控制技术的飞速发展的情况下，浮选作业自动控制也被广泛应用。对于浮选作业来说，自动控制主要对影响浮选参数的主要因素进行优化控制，以达到再利用率和精矿等级的要求。

工艺目标：在浮选过程中应用计算机监控系统进行实时动态测量和参数控制时，将浮选参数测量和控制的各项指标转换为电信号，利用计算机对其及时处理和存储，从而实现自动化监控浮选过程。

浮选工艺参数测控系统首先通过控制面板将工艺参数输入 STD 工控机。系统中的每个监测传感器按照一定的顺序检测和采集数据，并通过 A/D 转换器将数据发送到 STD 工控机，STD 工控机根据软件设计中指定的数学模型进行计算，将计算结果与指定值进行比较，然后根据比较结果通过 D/A 转换器向相应的执行器发出指令，通过控制阀门来设定控制对象的流量。STD 工控机从面板上采集过程参数监测值，并通过数学处理将报告所需的数据发送到计算机，操作人员可根据需要随时查看或打印这些数据和报告。

（二）节能减排总结

自动控制的浮选工艺，一方面可以提高精矿铜品位和铜回收率，增加收益；另一方面可以减少用电量，从而节省电力成本。除此之外，这一工艺还能够有效降低工人劳动强度，从而降低了人力成本。

三、高氯咸水（或海水）替代淡水的浮选工艺

所谓代替淡水的高氯盐水（或海水）浮选工艺，是指在不改变现有磨矿和浮选工艺及设备的情况下，用高氯咸水（或海水）代替淡水进行磨矿和浮选。通过精心优化工艺操作和药剂条件，该工艺可以达到或超过淡水磨矿和浮选的经济和技术性能。

（一）工艺介绍

我国20世纪70年代末期开始研究和应用海水选矿技术，而国外对海水选矿的研究已经积累了六十多年的经验。

高氯化咸水（或海水）浮选的替代工艺适用于（井下）矿山咸水或海水丰富而淡水资源有限的沿海地区。由于高氯咸水（或海水）中含有丰富的氯离子以及其他金属离子，且高氯咸水（或海水）的密度高于淡水，所以实验研究的重点应放在高氯咸水（或海水）对浮选效率和精矿质量的影响，以及浮选药剂的使用和工艺效果等方面。

无数生产实践表明，高氯盐水（或海水）对选矿设备的腐蚀问题是可以解决的，设备的使用寿命保持在一般水平，对全部海水的腐蚀程度小于海水与淡水混合使用。国外对高氯盐水（或海水）的防腐措施主要有以下几个方面。

大量的生产实践实例表明，高氯化盐水（或海水）对选矿设备的腐蚀问题是可以解决的，设备的使用寿命可以保持在正常水平，而且海水的腐蚀作用通常小于与淡水混合的海水。针对富含氯化物海水的防腐蚀措施主要集中在以下几个方面。

(1) 用硬镍合金制成的带钢衬里的磨矿机。

(2) 用于研磨黄铁矿的球磨机，配有斯克卡橡胶衬板、复合筒体和锰钢提升板。

(3) 筛网由不锈钢板制成。

(4) 管道由不锈钢管制成。

(5) 阀门采用橡胶隔膜阀。

(二) 节能减排总结

高氯咸水（或海水）选矿，不仅可以节约开采成本，而且对矿产资源的开采和开发、广泛的资源以及缺乏淡水的沿海地区的环境保护具有非常重要的实际意义。

使用高氯咸水（或海水）符合当前资源利用理念、节能和环保生产的发展趋势。经过多年的应用研究，高氯化苦咸水（或海水）的设备性能、防止设备腐蚀和使用新材料方面取得了重大进展。实践表明，在缺水的沿海矿区，选矿企业可以利用当地地域优势，充分发挥高氯化盐水（或海水）技术的优点，获得良好的经济、社会和环境效益。

四、特低品位铜矿山废石的浮选工艺

(一) 工艺介绍

特低品位铜矿尾矿属于露天矿产生的固体废物，主要指0.15%～0.25%含铜品位、0.010%含钼品位、0.010%含钴品位。处理特低品位铜矿山废料的浮选法充分利用了矿石的浮选能力，采用分段磨矿、弱碱性环境下的混合浮选阶段和中性油作为捕收剂，首先浮选铜钼，然后在选钴中进行丁黄药及丁铵黑药选钴、用弱磁选机分离钴渣，对铁、铜钼混合精矿进行再磨，并进行硫化钠再选以防止铜浮选与钼浮选分离，最后得到钴和铜精矿。

该工艺主要有以下几个特点：

(1) 优化装球方法，提高磨矿过程的细度，考虑到废石的特殊性，为了避免因矿物沉积而导致磨矿过程“过满”，影响精矿质量，在磨矿过程中采用适当的装球方法，并在生产现场安装装球系统，可以有效防止二次沉积物的增加，提高磨矿过程的细度，改善精矿质量。

(2) 与选矿制药公司合作，研发选矿新药，提高选矿技术性能。采用新型药剂，提供了铜精矿的质量和铜精矿回收率，增加了铜精矿中的金银含量。

(3) 旋流器作为研磨工艺的一部分，可提高分选效率，从而提高工厂产能、各金属精炼厂的生产率，并降低设备维护和维修成本。

(4) 其选矿加工过程在节省能源方面处于国内先进水平。

(二) 节能减排总结

该工艺将实现低品位矿山废弃物的综合利用，对解决矿山固体废弃物处置问题、提高资源利用整体技术水平、增加企业经济效益、减少环境污染、缩小废石堆放用地等方面将发挥重要作用。

五、铅锌多金属矿的综合利用工艺

铅锌多金属矿综合开采工艺可用于铜、铅锌和其他有色金属矿石及其他相关成分的综合利用，以及矿山废料、废石和废水资源的开发利用。

(一) 工艺介绍

为有效回收铅锌多金属矿产资源，合理利用各种废弃物，有效保护矿区生态环境，铅锌多金属矿的综合利用工艺是对多种矿产的创新研究、开发和应用，如铅、锌、金、银、硫、铁、锰、铜等铅锌矿相关矿物，并具有完整的开采工艺和关键配套技术，适用性强，资源回收率高；开发的技术包括分流控制浮选和高速高浓度控制浮选＋酸性尾矿浸出相关元素＋浮选尾矿脉冲高梯度磁选，提高了铅、锌和银的回收率，并对硫、铁、金、银、锰和铜等有价值的相关元素进行了全面处理；用固体废弃物资源开发技术可以填埋沉积物和石料废弃物，还可以将多余的沉积物脱水并转化为水泥行业使用的砖块。所开发的高质量分离技术以及快速高效的废水回收和再利用技术可以实现废水的二次利用。

该工艺中的一些关键技术如下。

(1) 铅锌多金属矿分流分速高浓度分步调控浮选技术。鉴于多金属铅锌硫化矿石分离的复杂性、工艺的复杂性、涉及大量有价值伴生元素、资源利用率低以及需要使用100%的循环水，由于铅、锌硫化物和黄铁矿的浮选特性和浮选动力学存在差异，一种新的分流浮选铅锌硫化矿石的技术被开发出来。此外，一系列新技术——利用高品位硫精矿综合提取金、银、硫、铁、锰和铜，并通过浸出焙烧渣回收金、银和铁，以及通过磁选浮动尾矿提取锰，大大提高了铅、锌、金、银、硫、铁、锰和铜等伴生矿中有价元素的整体回收率，是铅锌多金属矿综合利用技术的重大突破。

(2) 回收金属矿山所有固体废弃物的短流程技术。为了解决金属矿资源固体废弃物回收过程中存在的回收率低、工艺复杂、处理时间长、可靠性差等技术问题，相关企业研究开发了一种制备工艺，包括全尾砂浓缩脱水、本仓贮存与流态化造浆一体化，以及结构液体自发运输到井下充填工艺。所有矿山尾矿和尾渣都可直接用作骨料，无须离开矿坑即可填充矿区，剩余尾矿可转化为生产水泥或砖的原材料，因此所有尾矿和废石都可以巧妙地加以利用。

(3) 选矿厂废水无排放快速分质循环利用技术。针对多金属矿选矿废水污染环境、回用对选矿指标影响大的难题，相关企业研发出了铅锌硫等各自选别回路的废水快速分质循环回用技术，以及处理剩余的普通残留水并将其与回收工艺相结合的技术，从而使所有废水源都能在不排放的情况下得到利用，这不仅消除了污染，还提高了矿物回收率，并使废水中的可利用物质得到有效再利用。这不仅消除了污染，还提高了矿物回收指数，使废水中所含的药物得到有效再利用。

(二) 节能减排总结

铅锌多金属矿的综合利用工艺不仅大幅度提高了共伴生有价元素的选矿回收率，而且实现了选矿尾砂、废石与废水全部资源化利用，建成了高效利用多金属矿产资源和全部矿山废物，无尾矿、废石、废水排放和无地表破坏的示范矿山，彻底改变了传统的制造矿产品与排放废物的金属矿产资源开发方式，促进了矿业可持续协调发展。

第三节　精矿及尾矿处理作业的节能减排技术

一、技术改造后的精矿脱水工艺

（一）工艺简介

精矿是选矿厂的最终产品。精矿水分含量是评价选矿产品的重要指标之一。随着选矿技术的发展和贫矿资源的开发利用，有用矿物越来越细粒化，相应的细粒浮选精矿产品也越来越多，脱水越来越困难。选矿厂生产的最终产品就是精矿。评价矿物加工产品的指标有很多，其中最重要的一点就是精矿的水分含量。随着科技进步和设备的更新，矿物的粒度越来越细，相应的细粒浮选精矿产品产生越来越难脱水的现象。因此，要获得合格的精矿产品，必须制定高效的工艺流程，采用高效、低能耗、自动化程度高的选矿设备和合理的选厂布局，不断推动精矿脱水技术的发展，生产优质精矿产品。

（二）节能减排总结

（1）精矿脱水的最终目的是通过对回水的再循环和回收，获得冶炼所需的含水量的精矿。在矿石的正浮选过程中，通过添加浮选药剂来调整矿物表面的电特性，可使矿浆具有良好的分散性，从而使精矿矿浆的固液界面形成具有低电位的电双层。颗粒之间的静电斥力大，浓缩悬浮液中的颗粒不能相互接近和结合，分散度很高，形成相对稳定的悬浮液，不易沉降和脱水。在实际操作中，通过更换合适的黏结剂、脱水设备等手段，可以达到减少废水排放、节约材料的目的。

（2）随着矿产资源加工技术的发展，自动控制技术在矿产资源加工业中发挥着重要作用。尤其是在设备的规模化改造中，人工难以满足局部需求。自动控制系统可以有效解决选矿厂精矿脱水工艺的问题，在节约能源、提高劳动效率方面发挥着重要作用。

二、金属、非金属矿山粗颗粒原矿浆无外力管道的输送工艺

(一) 工艺介绍

该项工艺在金属和非金属的原矿浆输送方面发挥着巨大作用。通过利用自然高差，优化设计合理的管道坡度，控制管道中的矿浆流速、矿浆浓度、粒度和其他相关工艺参数，可实现对矿浆的输送。确保粗颗粒不在管道中堆积，自发流向下一选矿厂的精选，从而节省大量矿石运输能耗，减少环境粉尘污染。常用的工艺流程为：原矿→破碎→超细粒→筛分→研磨和分级→浓缩→管道运输→接收和分配→二段选矿（精选）。

(二) 节能减排的特点

(1) 节能减排的关键技术包括节能管道坡度、矿浆流速、矿浆流量、矿浆粒度、管道压力、管道防爆、管道消能、管道材质等核心技术。

(2) 节能的主要技术指标是生产粒度小于 74 μm、质量分数超过 25％的矿浆；当矿浆从输送管输送到目的地时，坡度小于 8°，但不为零，生产质量分数为 40％～60％的矿浆，以 600 万吨矿石计算，即节约矿石运输能源 9 800 多吨；此外，运输过程无粉尘污染，还节约了矿山道路沿线的绿化和用水。

(三) 节能减排总结

全尾砂充填是以没有进行分级的全粒级尾砂作为充填填料充入井下采空区的一种充填方式。全尾砂高浓度胶结充填则是在质量分数为 75％左右的状态下进行输送和采矿场充填的全尾砂充填方式。

三、全尾砂高浓度胶结充填工艺

全尾砂充填属于充填方法，即将未分类的全粒级尾砂用作地下采矿区的回填材料。全尾砂高浓度胶结充填是一种在矿区运输和全尾砂充填

方式，其质量分数约为75%。

（一）工艺介绍

高浓度全尾砂填充工艺的整个过程是以物理力学和胶体化学理论为理论支撑的。选矿厂直接产生可利用的尾矿，经过一到两个脱水步骤后，产生湿尾矿砂，其含水量约为20%（重量百分比）。再利用振动排沙机和强力机械搅拌机，将全尾矿砂与适量的水泥与水混合，形成高浓度、均质的胶结充填溶液，然后通过自动管道输送到采矿区，形成均质的优质填充体。

由于全尾砂高浓度胶结充填的特性，全尾砂胶结充填系统通常由脱水系统、混合系统、检测系统和管道系统组成。在这些系统中，脱水系统和混合系统是成功使用高浓缩无菌砂胶凝骨料的关键。

（1）脱水系统通常采用两级脱水工艺，从所有尾砂中生产出高度浓缩的泥浆。这意味着选矿厂中质量分数为20%左右的尾矿在过滤前首先浓缩至约50%。这不仅能在过滤过程中确保循环水的质量，还能提高残留物的过滤效率。高效浓缩器和高性能真空过滤器现已得到广泛应用。

（2）对于含有高浓度胶结充填料浆，整个搅拌系统一般采用两级搅拌工艺，以提高搅拌质量。长沙矿山研究院等单位已开发和制造出各种活性搅拌器，并在现场试验中取得了良好的搅拌效果。

（3）高浓度泥浆的检测系统性能良好，泥浆浓度的变化对填料浆料的影响非常敏感。为了保证整个高浓度矿砂固结回填的正确性，全尾砂高浓度胶结充填系统必须能够对制备的胶结充填料浆的浓度、流量和物料配比进行监测和控制，建立可靠、全面的回填监测系统。

（4）在管道系统中，高浓度的细颗粒和高浓度的全尾砂胶结填料会导致管道中的流动稳定均匀，流速在层流区内，因此全尾砂胶结填料的设计必须考虑管道中高浓度浆料的流变特性。

（二）节能减排的特点

（1）尾砂回收率高。在该工艺中，尾砂的回收率通常在90%～

95%之间，主要取决于脱水设备和技术的分选废砂的回收率通常只有50%～60%。

(2) 高浓度回填砂浆。这种工艺可减少水泥用量，降低浇筑成本。

(3) 这样得到的填料收缩率低，与顶板的附着力强，填充质量好，强度高。

(4) 通过这种方式充填矿井，可以清除矿井中多余的水分，改善井下环境，节省排水和清洁成本。

(三) 节能减排总结

(1) 采用全尾砂高浓度胶结回填技术大大提高了矿石回收率，有助于最大限度地利用矿产资源。

(2) 全尾砂高浓度胶结充填技术的应用，保证了坑底防水层的稳定可靠，减少了采矿的安全隐患，同时有效控制了地表位移和沉陷。

(3) 全尾砂高浓度胶结充填技术，实现了绿色矿山开发，利用废石、废砂等固体废弃物充填采空区，不但减少了尾矿坑占地面积，有效地减少了对尾矿坑的投资，而且防止了固体废弃物对环境造成污染，保护了采矿区生态环境。

四、铁尾矿生产烧结砖工艺

金属矿的磨细尾矿是复合矿物的原材料。具有多种技术特性，包括微量元素的作用。尾矿与传统的建筑材料、陶瓷和玻璃原料在资源特征上大多相似，但实际上是一种不完全的混合物，加工成细小的颗粒，可以在生产中混合使用。由于不需要对原料进行研磨等加工，在生产过程中，节约了能源，降低了生产成本，一些新产品具有更高的价值和非常显著的经济效益。这些有别于其他建筑材料的产品也被称为新型建筑材料。大量实例表明，利用废弃物生产一系列新型建材，可以大力发展循环经济，提高资源利用率，是解决我国现有资源、环境和经济发展制约因素的有效途径之一，也是金属废弃物整体循环利用的有效解决方案。

烧结砖的历史悠久而且具有很高的使用率。烧结砖所需的原材料不多，但用量很大。

（一）工艺介绍

铁尾矿烧结砖生产的一般工艺流程是：原料的选择和处理→配料混合→陈化→均质化→成型→干燥→烧结。在铁尾矿烧结砖的生产和制备过程中使用铁尾矿有以下几个环节。

（1）生产原尾矿砖的原料比例和一些成分要求，一般要求原料的粒度较细，以保证较高的可塑性。

（2）干燥和压制成型时的含水量决定了烧结砖的质量，其中适当的含水量能提高烧结砖的塑性和增加抗压强度。含水量过低则粉料无法被凝聚压实；若含水量过高则易导致坯料流动速度加快，同样会造成砖的变形。

（3）在实际生产中进行干燥时，坯体干燥速度除与干燥介质温度有关外，还与坯体的含水率、大小、码坯方式，干燥介质的湿度、流速，以及与干燥介质的接触情况等相关，这些需要通过铁尾矿砖坯干燥曲线实验确定。

（4）烧结温度对产品的性能会产生重大影响。因为所用材料的物理和化学性质、矿物成分和黏土等的不同，烧结性能也会发生显著变化：随着烧结温度的升高，产品的抗压强度不断增加，吸水能力逐步降低，烧结收缩率和烧结密度逐渐增加。

（5）烧结砖时，加热速度过快，会导致砖内外温差过大，膨胀过程不均匀，从而使得铁尾矿制烧结砖内的应力不能及时释放而发生开裂。原料中矿物质分解释放出的气体会造成砖体内部裂缝，影响烧结产品的强度、吸水性等性能。所以通常有必要在烧结过程中控制正确的升温速度。

（6）烧结砖坯时，保温时间不仅取决于烧结温度，还取决于保温时间。保温时间以 2～3 h 为宜。在烧结过程中，保温时间不但受烧结温度的限制，还受保温时间影响。经实践，最佳保温时间为 2～3 h。

(二) 节能减排总结

铁尾矿是一种产量大、回收率低，但回收前景好的废弃物。利用铁尾矿生产烧结砖代表了传统制砖业的传承和发展，投资少而且见效快，为充分利用含尾矿开辟了新途径。

五、金属矿尾矿生产蒸压尾矿砖工艺

蒸压尾矿砖以金属尾矿砂为主要原材料，添加石灰、石膏和骨料，通过坯料制备、压制成型、高效蒸汽处理等工艺制造。这类砖代替了烧结黏土砖。

(一) 工艺介绍

金属尾矿砂中含有一定量的硅酸盐，具有一定的活性，通过适当的物理和化学处理，可以强化尾矿砂，生产出蒸压选矿砂砖、尾矿加气混凝土板、干粉砂浆等产品。

由于石材中 SiO_2 和 Al_2O_3 的含量不高，且活性较低，因此使用传统的灰砂岩生产工艺很难满足产品需求。因此，粉煤灰、矿渣和低碱激发剂等一些固体废弃物被用来制备生产蒸压选矿岩的绿色凝胶材料。在激发剂作用下，矿砂中的部分超细矿渣参与水化反应，有助于提高产品的强度。产品中的残留固体量可高达固体原料总量的 95%（其中 75%～85%为尾矿），而且该工艺没有有害物质排放，是一种环保材料。

尾砂与固化剂等材料混合，完全粉碎并均匀混合，通过输送系统进入压砖机，在物理力的作用下被压入砖腔。然后进入恒压、恒时、恒温的蒸压釜，在物理（高温、高压）和化学（激发原料活性）的双重作用下，促进其黏结、固化，最终得到产品。在蒸压釜中利用废料制砖的过程包括配料、制备砖坯、成型、蒸压、生产标准砖和质量控制。

(二) 节能减排总结

以金属尾砂为主要原料的尾砂工艺可将大量尾砂入库，大幅度减少了尾砂排放以及场所堆存，不仅拓展了金属矿产业链，还可替代黏土砖，节约大量用于烧制红砖的土地资源。并且设备工艺自动化、机械化程度高，产品质量可靠，社会效益和经济效益显著。

六、铁矿尾砂生产建筑人工砂工艺

铁矿石尾矿是在提取铁矿时从铁矿石中冲洗出来的沉淀物。对其化学成分的分析表明，铁矿石尾矿除含有一些非沉淀铁矿石外，还含有二氧化硅、三氧化二铝和碳酸钙。与普通建筑用砂相比，铁矿砂的技术指标接近特细砂，基本符合标准要求。

（一）工艺介绍

铁矿尾砂经过各方面的分析（化学成分、矿物成分和强度）等各种性能分析，使之符合常规混凝土用砂的质量标准。铁矿尾砂的特点是模量较细，表观密度稍高。

用铁矿砂生产人工砂，必须采用合适的工艺去除铁矿砂中的细颗粒（小于0.15 mm）；在人工砂产品的颗粒分选过程中，通常采用高频振动筛等设备，以满足建筑用砂的要求。随着旋流器技术的推广应用和效率的进一步提高，铁矿砂的捕集和回收利用正在成为现实。

厚度为0.30～2.36 mm的铁矿石人工细砂必须符合国家建筑用砂标准的要求，方可投放砂石市场。具体方法是对粒度、石粉和淤泥含量、有害物质、强度、表观密度、体积密度、空隙率、集料的碱性反应等进行测试和分析。

我国金属和非金属矿山众多，开采和加工过程中会产生40%～60%的尾矿，有相当一部分尾矿没有得到合理利用，既浪费了资源，占用了土地，又造成了新的污染。如果经过合理分选和加工，不少尾矿可以被制成人工砂，减少废弃物造成的生态环境破坏，防止污染发生，保护环境，为矿山无尾矿或低成本建筑材料开发提供新方法。

（二）节能减排总结

用铁矿尾砂制成的建筑砂浆和混凝土强度和耐久性适宜，可替代优质黄沙，效果良好，达到了变废为宝的目的。这对提高建筑用砂质量、保护土壤资源、治理环境污染具有十分重要的现实意义。

第三章

矿山环境保护

第一节 矿山企业环境保护与可持续发展

一、矿山环境的治理与保护措施

(一) 矿山环境的治理

1. 固体废弃物的资源化

岩石废料和尾矿等固体废物管理的关键就在于综合利用。如果以效率高的方式进行综合管理，就可以减少其数量，并通过在垃圾填埋场和堆放场进行最终处置来消除与之相关的风险。矿山固体废弃物资源的利用是综合管理的基础和前提。

(1) 尾矿

我国矿产资源的特点有：伴生矿多、难选矿多、小矿多、贫矿多。我国矿业企业数量众多，矿产资源为经济社会发展奠定了基础。我国工业化进程不断加快，对矿产资源的需求也快速增长，由此产生了大量的尾矿。这些废弃物中仍然蕴藏着大量的矿产资源，借助先进的技术，可以将其提炼成有用的资源，而其他废弃物也可以作为地下工程的回填材料或道路填充材料。虽然这些残渣是矿产资源初级利用过程中产生的废物，但它们可以转化为有用的资源进行二次利用。

(2) 废石

矿山开采过程中会产生大量尾矿，这些尾矿其实是宝贵的二次资源。要实现对这些尾矿的彻底治理，首先要就地消化，尽可能使其使用合理，最终实现化害为利。其次，要采取措施对其进行防护，以减少环境污染。这些固体废弃物可以用作建筑设施，露天采石场的填土和地下填土。

2. 土地复垦

矿业开发不可避免地导致矿区自然环境的破坏。露天开采虽然比地下开采有明显优势，但破坏了土地的原貌和特征，尤其是给森林、人工林等植被带来的影响，造成水土流失，甚至引起气候变化。矿物开采不仅有中断地下水源的风险，使其暴露在有毒金属离子中，还会导致大量岩石、矿渣和废料堆积在地表，形成巨大的空洞。尤其是废弃的露天矿几乎完全被遗弃。此外，地下采矿导致了许多地下采矿区和空洞的形成，特别是在允许地表陷落的崩落法矿井中，管道法允许下沉到地表，导致了位移和地表沉降问题的发生。

总的来说，矿产开采势必会对地表造成破坏，而且开采时间越长，地表受到破坏的面积就越大。因此，应当对废弃或正在开采的矿山进行复垦，以便为工业、农业、林业和其他部门提供可用土地，改善自然环境，防止采矿污染。

3. 矿山废水的无害化

我国是一个水资源匮乏的国家，人均水资源量占有量仅为当今世界平均水平的四分之一，水资源短缺已成为制约我国经济社会发展的主要因素之一。采矿活动会产生大量的矿山废水（矿井水、露天矿坑废水、选矿废水、尾矿库排水和废水等），这些废水不仅被浪费，还会污染地表水和地下水，造成生态破坏。因此，通过处理和排放矿山废水，以无害方式对其加以利用非常重要。

我们的大多数有色金属矿、部分铁矿石矿和贵金属矿都是原生硫化物或含硫化物矿床，无论是露天矿还是地下矿，在开采过程中都会有大量硫化物或含硫化物废石产生。这些废石堆积在含有氧气和水的矿石堆中，导致自然分解、浸出和产生大量酸性废石。有色金属开采、贵金属开采和硫化铁矿开采可以说是水体和环境的最大污染者。

（二）矿山环境保护措施

1. 组织措施

最重要的是建立保护环境的管理机构以及监测系统。到目前为止，我国矿山确立环保部门所在位置取决于矿山建设和运营的污染程度以及企业规模。大型矿山普遍设立环保部门，而中小型矿山则设立环保科或环保队。矿山企业的环保部门主要由环境科学家、环境监测人员，从事废水处理、矿山防尘、防护设备维护、矿山清洁回收、土地复垦等工作的人员组成。

2. 经济手段

矿业公司对环境保护设施的投资是采矿基础设施投资的组成部分。依据矿业公司目前的生产数据，环保项目的投资主要包括：三废处理设施、除尘、废水处理设施、噪声防治、环境、辐射防护、环境监测和土地复垦设施，等等。新项目和扩建项目的技术基础设施投资将由各部门和公司自身提供资金，并降低废水处理成本（即环境补贴）。环保项目的投资额取决于矿山建设的客观条件和要求，环保措施的资金来源也与企业的管理和经济效益直接相关。环保项目的投资额取决于矿山建设要求及其他客观条件，环保措施的资金来源也与项目管理和经济效益有直接关系。

3. 环保资金来源的政策性措施

为了使生态环境得到保护、污染能够得到有效治理，国务院和有关部门制定了《污染源治理专项基金有偿使用暂行办法》《关于工矿企业治理“三废”污染开展综合利用产品利润提留办法的通知》《关于环境保护资金渠道的规定的通知》等行政法规和部门规章，保证了环境保护与治理经费的重要来源。

4. 矿山环境保护有关的政策性法规及标准

经过 30 多年的探索和发展，我国已经制定了一系列与矿山环境保护有关的法律制度，其中主要有《中华人民共和国矿产资源法》《中华人民共和国环境保护法》《中华人民共和国水污染防治法》《中华人民共和国大气污染防治法》《中华人民共和国海洋环境保护法》《中华人民共和国土地管理法》等。

（三）加强矿山环境保护的对策

1. 处理好矿产资源开发与环境保护的关系，切实加强矿业环境保护措施

矿业发展必须充分考虑近期和远期的未来，以及地区与整个国家的

关系。只有将矿产的开发利用与环境保护紧密结合，才能实现矿业的可持续健康发展。

采矿活动不能以牺牲生态环境为代价，因此必须避免先污染后治理、先破坏再复垦的老办法。采矿许可证持有者必须采取积极措施，恢复和修复采矿活动对耕地、牧场、森林等造成的破坏。采矿活动产生的排放物、废水和废物必须按照适用的国家环境质量标准进行处置和管理；必须避免采矿活动造成的危岩、滑坡和断裂等地质灾害，以及采矿活动对地下水域的破坏。采矿活动期间必须注意保护矿区周围的环境和自然景观。严禁在自然保护区、风景名胜区、森林公园和饮用水源保护区内采矿。在铁路、高速公路和其他交通要道两侧的可视范围内，必须严格控制采矿活动。在西部地区开发矿产时，应注意保护和改善生态环境，防止因矿产开发加剧环境退化。

根据政府的指令和政策，通过采取必要的经济、法律以及行政措施，将产品质量差、资源浪费严重、环境恶化严重和工作条件安全欠佳的矿山关闭。关闭资源枯竭的矿山必须有序进行。以原材料开采的城市或者大型矿区，应根据当地条件发展新的替代产业。

2. 目标明确，规划科学，了解矿山环境面临的重要挑战

应结合当地具体情况，实地开展矿山环境研究和评估，制定矿山环境保护相关规划，将其纳入当地国民经济和社会发展规划。矿山环境保护和管理的直接责任人是矿山企业，因此矿山企业应积极制订矿山环境保护及管理计划，将保护矿山环境落到实处。

要采取必要措施对矿山活动造成环境污染的企业进行全面规划，大力改善矿山及附近矿区城镇的环境质量，从根本上控制重点开发区域的环境污染和环境退化。

3. 加强控制和制度建设，为保护矿山环境提供综合支持

各级政府要根据《中华人民共和国环境保护法》《中华人民共和国地下空间法》《中华人民共和国土地管理法》等相关法律法规，与本地实际情况相结合，落实矿山环境管理法律法规、产业政策及技术规范，

为矿山环境保护提供有力的法律支持，并将其作为重点工作来抓，尽快将环境保护纳入法治轨道。

要完善矿山环境保护的经济政策，建立多元化、多渠道的投资机制，调动社会各方面的积极性，妥善解决矿山环境保护与治理的资金问题。对于历史上由采矿造成的矿山环境破坏而责任人缺失的，各计划部门、财政部门应会同有关部门建立矿山环境治理资金，专项用于矿山环境的保护治理；对于虽有责任人的原国有矿山企业，矿山开发时间较长或已接近闭坑，矿山环境破坏严重，矿山企业经济困难无力承担治理的，由政府补助和企业分担；对于生产矿山和新建矿山，遵循“谁开发，谁保护”“谁破坏，谁治理”“谁治理，谁受益”的原则，建立矿山环境恢复保证金制度和有关矿山环境恢复补偿机制；各地政府要制定矿山环境保护的优惠政策，调动矿山企业及社会矿山环境保护与治理的积极性；鼓励社会捐助，积极争取国际资助，加大矿山环境保护与治理的资金投入。

4. 加强对矿山环境的监测、管理和控制。

矿山企业要严格遵循“三同时”制度，确保所有环保管理措施、基础设施和重点项目同时设计和建设。未进行矿山建设项目或未经检查的设施建设项目不得投入使用。对于强行生产不遵守规定的矿山企业，应根据相关规定取消采矿许可证。

各级政府要把预防和保护放在首位，控制新的矿业污染等破坏生态环境的事情发生。对于新建和进行改造的矿山项目，必须从严执行环境影响评价制度。矿山的环境影响评价报告中应将矿山地质对环境影响置于重要的位置，将其单列一章，环境影响评价报告应作为申请采矿许可证和批准矿山开发项目的重要依据。矿业公司在申请采矿许可证之前有必要进行地质风险评估，该评估结果是采矿许可证审批的重要文件之一。各级负责资源和环境管理的部门应严格控制，以确保采矿过程不损害生态环境。

矿山企业要加强对矿区环境的检测，实行动态监测措施，及时把监测结果提供给资源环境行政主管部门，若监测到采矿活动引起的突发性地质灾害应立即通报当地有关部门。

对矿山环境保护的监测、管理要依靠各级人民政府共同的努力，要在矿山企业年检中强化矿山环境年度监测内容，对严重破坏矿山环境的企业，要责令其限期整改，并依法予以处罚。

5. *在科技进步和国际合作的基础上，加强矿业环境保护*

矿业环境保护领域的研究重点在矿业活动引起的环境变化和对其防治、矿业“三废”处理、废物处理和利用方面。更新采矿、选矿和废物管理的设备和技术，能够在劳动生产率以及资源利用率方面取得显著成效。加强矿山环境保护新技术、新设备的开发和推广，加大科技投入，促进资源充分利用和环境产业化。加强矿山环境恢复治理工作，以提高环境污染治理的能力和水平。要推广和发展矿区损毁土地治理与生态恢复新技术以及矿区生态恢复科技示范工程，加强矿山和部分矿区环境治理与恢复，在基础条件较好、已开展示范区建设的大型矿山基地发展绿色矿业。另外，要加强国际合作，努力学习借鉴各国矿山环境保护的先进技术和经验，培养人才，改进我国矿山环境保护和治理工作。

6. *加强治理，全面推进矿业环境保护工作*

加强矿业环境保护不仅是当前的紧迫任务，也是矿山开发的一项重要工作，各级政府、资源管理机构和环境管理机构必须认识到这项工作的重要性，把保护工作贯彻始终。地方各级政府负责辖区内的矿山环境质量，必须采取措施改善矿山环境。省级政府要尊重和完善各级政府资源环境保护工作目标责任制，指定省级管理人员负责制定矿山环境保护目标工作，确保责任落实，严肃追究，并纳入政绩考核内容。国务院各有关部门也要做好矿山环境保护工作，加强各部门间的协调配合。生态环境部要总揽全局，履行执法监管职能，做好统筹协调工作。自然资源部必须负责具体的矿山环境保护活动，并积极推动和组织调查、规划和预防工作，顺利开展地质环境保护的监督和管理工作。

(四) 我国环境保护的基本方针

我国是一个发展中国家，随着经济的不断发展，环境污染成为一个重要问题并日益显现出来。尽管环境污染不是经济发展的必然结果，但在总结西方国家环境污染的经验教训之后，如果不采取必要措施加强对环境的管理工作，结果必将重蹈西方工业化国家先污染后治理的覆辙。

工业化发达国家在环境保护方面取得较大成就的主要经验是：

(1) 制定各种环境保护法律和政策，如果有任何违规行为，将受到经济和法律制裁。

(2) 总体设置环境保护机构。

(3) 实施以环境规划为重点的环境管理体系。

我国党和政府高度重视环境保护工作。《中华人民共和国宪法》规定，国家保护和改善生活环境和生态环境，防治污染和其他公害。因此，保护环境、合理开发和综合利用自然资源成为国家现代化进程中的一项战略任务和重要国策。国家将防治污染和环境恶化的措施与经济、城市和环境发展同步规划、实施和发展，以平衡经济、社会和环境三者的效益。这是因为，我国作为一个人口众多的发展中国家，不仅需要发展现代工农业和国防科技，还需要高度重视环境保护，否则，就可能导致自毁家园和破坏生存条件，产生不堪设想的后果。

1. 预防为主

“预防为主”是我国环境保护的基本方针，同时，也是提高环境科学管理水平的重要手段。“预防为主”就是要我们做到防患于未然，高度重视对环境和自然资源的污染和破坏的活动，尽可能减少污染的产生，对污染物进入环境进行严格控制。环境保护设施要与新建、改建、扩建工程项目的主体工程同时设计、施工和投产使用。如果不贯彻“预防为主”的方针，必然产生先污染后治理的结果。污染易、治理难、恢复更难，贻害无穷。

2. 统筹规划，合理选址

统筹规划、合理选址是污染防治的关键因素。在编制矿山总体规划过程中，应考虑到规划要包括环境保护目标、指标和措施，并应根据矿区的自然条件、经济条件进行环境影响评价，从而找到矿山企业的合理选址，维护矿区及周边的生态平衡，从而保证总体规划方案的最佳环境质量。矿山包括一般采矿企业、矿石加工和冶炼企业，而采矿本身又有露天开采和地下开采之分。因此，在设计新矿山和改造旧矿山时，应考虑采矿、选矿和冶金生产的适宜位置，生产和生活区的位置，工业竖井区的适宜位置，供风竖井和抽风竖井的位置，以及废石场、废料库、尾矿坝、高炉渣、冶金废料等的位置。

另外，还必须考虑开采区的地形、地质、水源和风向，以实现全面综合开发。

3. 综合利用，化害为利

“综合利用，化害为利”是治理污染的重要举措。工业“三废”，尤其是采矿和冶炼产生的“三废”，既有有用成分，也有有害成分，因此，处理“三废”和提取有用成分是紧密联系在一起的。“废物”和“宝藏”是相对的，有很多物质污染环境，被当作有害物质丢弃，却又被当作宝藏收集起来。我们要继续贯彻“预防为主”的方针，对一些不可回避的污染物，要全面落实变废为宝的政策。这不仅可以防止污染和降低风险，还可以回收资源，最大限度地发挥经济效益。我国实行鼓励充分开发的政策。对于使用废气、废水和残渣作为原料的企业生产的产品，国家给予减税、免税和维持价格的优惠，所得盈利由企业支配，用于污染控制和环境专项整治，不必上缴。

4. 发动群众，共同动手

“发动群众，共同动手”是基层环保活动的指导方针。环保工作不仅需要专业团队，更需要群众的参与和信任。例如，植树造林、爱国卫生运动、加强企业管理、技术创新，等等，这些都是需要人人参与、方方面面、相互配合的举措，社会各界必须密切配合。只有发动群众，对环保活动进行监督管理，配合专业团队，才能发挥最大成效。《中华人民共和国环境保护法》赋予公民监督、举报和起诉污染或破坏环境的组织和个人的权利。被举报或被起诉的公司和个人不得对其进行打击报复。法律明确规定，国家对在环境保护方面做出重大努力和贡献的组织和个人应给予表扬和奖励。

5. 保护环境，造福人类

“保护环境，造福人类”就是要造福人类，造福子孙后代，走出“怕花钱、怕投资”的误区。有些管理者不关心工人的安全，重工业发展，轻环境保护。他们不懂得环境保护才是工业生产和经济发展的前提，不懂得环境保护是一门政策，也是一门科学。

总之，我们一定要坚定不移地执行党和国家制定的各种环保政策，把我们富饶的家园建设成为“碧水蓝天，花香鸟语”的美丽天堂。

二、矿产资源的可持续发展

(一) 可持续发展理念

1. 可持续发展的内涵

可持续发展理念不但包含了古代文明的哲学精髓，而且是现代人类活动实践的总结，是对“人与自然的关系”和“人与人的关系”的正确理解和结合。人们正围绕“人与自然平衡”和“人与人和谐”两大主题，不断审视“人类活动的合理规律性、人与自然的协同发展和发展轨迹的时空关系、人对自身需求的控制能力、社会约束下的自律程度、人类活动的整体效率和普遍接受的道德规范”等。迄今为止，人与自然和谐相处的最高境界是通过自我控制、优化和协调实现人与自然的良性互动。

可持续发展的含义丰富，涉及面很广。侧重于生态的可持续发展，其含义强调的是资源的开发利用不能超过生态系统的承受能力，保持生态系统的可持续性；侧重于经济的可持续发展，强调经济发展的合理性和可持续性；侧重于社会可持续发展，其含义则包含了政治、经济、社会的各个方面，是广义的可持续发展含义。尽管其定义不同，表达各异，但其理念得到全球范围的共识，其内涵都包括了共同的基本原则。

(1) 公平性原则

公平意味着机会均等，即可持续发展不仅要对当代人公平，而且要实现当代人和后代人之间公平。从伦理角度来看，后代人应该和当代人一样有机会对资源和环境提出自己的要求，因为人类赖以生存的自然资源不是取之不尽，用之不竭的。这体现了可持续发展与传统发展模式之间的本质区别。

(2) 持续性原则

环境资源是人类生存发展的基础和前提，资源的可持续利用和对生态系统的保护，是社会可持续发展的重要前提。可持续发展要求人们根据其要求调整生活方式，将自己的消费标准限制在生态限度内。这是可持续发展中平等原则的又一体现。

(3) 和谐性原则

可持续发展需要协调一致，从广义上讲，可持续发展战略旨在促进人与人之间以及人与自然之间的协调一致。如果每个人都本着诚意，按照“协调一致”的原则做事，人与自然之间就能保持互利共生的关系，也只有这样才能更好地实现可持续发展。

(4) 需求性原则

传统发展模式以市场导向的生产为基础，无视资源限制，虽推动经济增长，但导致世界资源面临前所未有的压力，环境质量恶化，无法满足人类的一些最基本需求。可持续发展强调公平和可持续性，其基础是满足所有人基本需求的发展，关注人类需求而非市场发展。

2. 可持续发展的目标

该理念的基础是处理好两个关键关系。第一，人与自然的关系；第二，人与人的关系。人与自然的适应和协同发展是人类文明可持续发展的“外部条件”，而相互尊重、平等互利、互助互信、自律互律、共建共享、确保当代发展不威胁后代生存和发展等则是人类延续的“内部条件”。只有把这两个条件相结合，才能真正建立起可持续发展的理想体系，实现传统思维的转变，使可持续发展真正成为世界上所有社会制度和文化中人的发展的共同战略。其具体表述主要有以下几点。

（1）始终满足当代人及后代人生产和生活发展对物质、能源、信息和文化方面的需求。这里强调的是“发展”一词。

（2）在国际层面遵循公平使用原则管理资源与环境。每一代人都必须根据公平原则履行自己的责任。当代人的发展决不能以牺牲后代人的利益为代价。这里强调的是“公平”。

（3）国家和地区间的合作必须建立在平等、合作、互补、共赢和公平的原则基础上，以减少同代之间的差距，避免物质、能源、信息甚至心理差距，从而实现“资源、生产、市场”之间的协调统一。这里强调的是“合作”。

（4）为“社会—经济—自然”支持系统创造适当的外部条件，将使人们能够生活在一个更强大、更有序、更健康和更舒适的环境中。因而必须不断优化这些系统的组织结构和运行机制。这里强调的是“协调”。

事实上，只有当人类从自然界获取的与人类回馈给自然界的相平衡，创造一个和谐的世界，才能真正实现可持续发展。

3. 我国可持续发展战略

作为世界上人口最多的发展中国家，我国坚定地致力于可持续发展，并将可持续发展作为重要国家战略。可持续发展的目标是统筹兼顾人口、资源、环境以及经济社会发展，最终实现经济社会可持续发展。

（1）可持续发展总体战略

可持续发展总体战略探讨了我国可持续发展的背景、必要性、战略和对策。它探讨了如何在我国建立可持续发展的法律框架；如何确保社会各界参与可持续发展并制定适当的决策程序；如何制定和促进有利于可持续发展的经济、技术和财政政策；如何改善现有信息系统的网络和联系；以及如何加强教育、人力资源开发和提高科技能力。

（2）社会可持续发展

社会可持续发展的内容包括：控制人口增速，提高人民生活质量，引导社会采用新的消费模式和生活方式；通过工业化和城市化发展中小城镇，增加就业机会，发展服务业；加强城乡规划，合理利用土地；加强贫困地区发展经济的能力，尽快消除贫困；建立符合社会和经济发展的灾害预防和控制体系。

(3) 经济可持续发展

经济可持续发展的内容主要包括：依据市场机制和经济手段促进可持续的治理体系发展；促进清洁生产和绿色产业的发展；提高能源使用效率和节约能源；开发和利用新能源以及可再生能源。

(4) 生态可持续发展

生态可持续发展的内容主要包括：全面开发和改善重点地区及流域，完善生物多样性保护的监管体系，建立和发展国家自然保护区网络，建立健全国家荒漠化监测信息系统，引进先进的空气污染和酸雨控制技术，开发臭氧消耗产品和技术替代，大规模植树造林，制定危险废弃物处置和使用的法规和技术标准等。

(二) 我国矿产资源可持续发展

1. 矿产资源可持续发展的目标

要合理利用、节约和保护自然资源，提高自然资源综合利用水平，建立基础资源供应保障体系，加强重要战略资源储备，最大限度满足经济建设对资源的需求。对矿产资源开发利用来说，要建立健全关于矿产资源的法律法规体系，做到科学编制和严格执行，加强宏观调控矿产资源开发利用，做好矿产资源勘探、开发、开采的监管工作，有效提高矿产资源保障水平。建立以科技开发和科学管理为基础的营利性矿产开发体系；建立大型矿山和国外采矿基地，加强矿山恢复和环境保护；建立战略矿产储备体系，完善相关经济政策及管理制度；建立预警系统，确保战略矿产资源的获取，实行国家和地方相结合的安全准入制度。

经过多年探索实践，我国在实施可持续发展战略方面取得了重大成就，主要体现在以下方面：提高公众对可持续发展的总体认识；已经建立起实施可持续发展战略的初步组织管理系统；将可持续发展战略逐步纳入国民经济和社会发展计划之中；进一步加强法治建设，建立和完善可持续发展战略立法；人口快速增长的趋势受到经济和社会总体发展以及人民生活水平不断提高的抑制；进一步加强自然资源保护和生态系统管理，加快改善生态建设和治理环境污染；进一步提高资源保护水平，合理开发和广泛利用资源；发展环保产业；加强可持续发展领域的国际合作。

2. 矿产资源可持续发展模式

我国要研究、制定和实施适合实际国情的矿产资源开发战略，为实现矿产资源的可持续发展提供理论支撑。我国拥有丰富的矿产资源，尤其是在中国东部纵深地带以及西部广大地区，由于此前技术影响造成资源勘探不深入，因此在资源勘查方面具有很大潜力。只要运用合适的技术手段，加强矿产资源勘探工作，就一定能够改善目前矿产资源紧张的局势。

目前来看，国内金属矿产资源的后备储量仍处于危机之中。如今推进体制改革是一项迫切的任务，根据市场需求和规划要求，高效、有序地增加矿产资源的后备储量，利用好国外矿产资源。金属资源的可持续发展需要采取符合国情的有效政策和措施。

（1）加强勘查工作，增加能源储备量

现代经济和矿业的全球化要求我们树立矿产资源全球观，建立稳定、安全、具有经济效益和多元化的矿产供应体系。一些具有战略意义或资源有限的矿产，应优先使用国外资源。同时，应加大对金属矿产的勘探力度和资本投入。确保在不受制于其他资源的情况下开采出足够的资源。

（2）建立市场机制，加大国家投入力度

矿业发达国家在矿产勘查开发中引入市场机制，建立市场，吸引企业和个人投资矿业，按照矿业市场规律，形成了矿产勘查和自我开发的循环，取得了成功经验。此外，政府应提供政策和财政方面的支持，建立矿产勘查公共基金制度，出台优惠的税收政策，鼓励、吸引社会资本投资矿产勘查开发。

(3) 充分利用国际市场

要充分发挥矿产在国际市场上的作用，需要通过政府引导、监督和保护，有组织地联合生产，实行出口管制，使国际市场价格受到一定控制，逐步增加矿业精加工产品的出口，进一步将资源优势转化为货币优势，从而使我国矿产品在国内保持一定期限的储备量。

应充分利用国外矿产资源。要从国际矿业市场进口矿产品，从国外收购矿藏和矿山等，并积极与当地企业或国际矿业公司合资或单独组建勘探开发企业，与受益国共同投资勘探开发矿山。有必要对市场进行监测，研究对策，制订计划，促进我国矿业的进一步发展。

(4) 寻找新的矿产以及替代能源

为了确保社会和国家的可持续发展，我们必须投身于新矿产资源和新能源的勘探和发现，充分利用水电、风能、潮汐能和地热等能源，以及发展太空领域。除了寻找新的勘探区域和勘探我们自己的矿产资源外，我们还致力于发展非金属矿产资源的勘探，以替代金属原材料，并勘探海洋和极地地区的矿产。

(5) 完善并严格执行法律法规

完善矿产立法，合理利用矿产资源。《中华人民共和国矿产资源法》的颁布实施，使矿产资源管理实现有法可依，矿产资源开发秩序明显好转。

(三) 发展生态型矿业

1. 生态学观念

工业生态学可以有效地解决采矿业的负面问题，它是根据生物世界的生态规律模拟工业系统功能的类比概念，包含在可持续发展科学的范围内。工业生态学完全摒弃了传统的末端管理理念，根据这种理念，传统的工业系统是线性物质流的叠加，没有相互联系，每个生产过程都是独立的。简单地说，它的运作模式是提取资源和处理废物，这是环境问题的根本原因。根据传统的工业体系，只有用更加一体化的工业生产方法——工业生态系统，取代简化的传统生产方法，才能更好地实现可持续发展。

为了使工业体系真正具有可持续性，它必须以一种完全循环的方式运作。因此，资源和浪费之间没有了区别。对一个生物体来说，它是废物，对另一个生物体而言，它是资源，只有太阳能来自外部。自然资源开发必须走生态矿业、循环经济和可持续发展的道路。

2. 矿山环境问题的新观念

根据传统的环境问题概念，解决方案是采取措施管理环境，即全面管理。自1960年以来，这项技术在工业化国家得到了广泛应用。然而，这些国家的经验无不表明，生产过程末端治理方法并不是行之有效的解决方案。环境问题属于工业生态学研究的范畴。工业生态学表明，在降低消除污染源成本的同时，可以实现节约资源。在某些情况下，工业生态学可以将昂贵的废物处理成本转化为公司新的利润来源，因为一个工序或设施产生的废物可以成为其他工序或企业所需的原材料。

减少矿业对自然环境的破坏，使回收和开采有限的矿产资源能够得到充分利用，这不仅是我国更是世界范围内需要按计划完成的一项重要的环境保护挑战和资源战略。工业生态学为综合解决环境污染和资源利用问题，以及提高企业竞争力提供了理论方法和策略支持。

在工业生态学的概念下，针对矿床开采造成的四大危害（地表塌陷、尾砂、废石排放、资源浪费），可将提取过程和谐地融入生态系统材料的回收过程，形成生态经济发展模式。这种经济发展模式的特征主要有以下几方面，即产品清洁生产、高效利用资源、废弃物回收。这种方式原则上可以解决传统提取方法造成的资源浪费、生态破坏、环境污染和安全风险等问题。

3. 生态型开采模式

工业生态型开采模式的具体内涵，应考虑到矿产资源的不可再生，因而矿床开采必须充分回采利用和保护矿产资源；应考虑最大限度地减少矿山废石的产出量；应考虑最大限度地将矿山废石、尾砂或赤泥作为二次资源充分地利用起来，减少废料排放污染环境，消除地表塌陷，保护人文环境与生态环境。

该模式的持续发展应考虑到矿物回收的不足及尽可能减少采矿废物的产生的问题，我们应该最大限度地利用二次资源，如岩石废料、尾砂或赤泥，减少废弃物对环境造成的污染，消除废料排放，保护自然生态系统。

在经济因素方面，可以通过提高矿产资源回收率和降低采矿贫化率来实现直接经济效益，在特殊情况下，可以通过移动或翻新结构表面来实现成本节约。

采矿对矿产资源和生态环境产生负面效应的主要危害源为资源损失、地表退化、岩石弃物和排放尾砂四大方面。资源损失对资源构成威胁，而后三方面对生态环境构成重大威胁。现代矿物开采应探索符合生态要求的采矿方法和技术。

我们有理由相信，通过采矿技术人员和研究人员的共同努力，满足生态采矿、经济循环和符合可持续发展要求的采矿技术将取得成功，并将得到实施，为保护环境做出贡献。

(四) 发展矿业循环经济

1. 循环经济的特征

(1) 物质流动多重循环性

循环经济活动是根据自然生态系统的运行规律和模式组织的，是以“资源—产品—可再生资源”的形式循环往复的物质流动过程，最大限度地追求废弃物的零排放。循环经济的核心是物和能的闭环流动。

(2) 科学技术先导性

在技术进步的基础上实施循环经济。在技术进步的基础上，积极采用安全低风险的新工艺，大大减少原材料和能源消耗，增加产量，减轻环境污染。对污染控制的技术思路不再是末端治理，而是采用先进技术实施全过程的控制。

(3) 生态、经济、社会效益的协调统一性

循环经济把经济发展建立在自然生态规律的基础上，在利用物质和

能量的过程中，向自然界索取的资源最小化，向社会提供的效用最大化，向生态环境排放的废弃物趋零化，使生态效益、经济效益和社会效益达到协调统一。

（4）清洁生产的引导性

清洁生产是循环经济在企业层面的主要表现形式，在整个生产过程中控制污染的核心是在产品设计、制造和维护中应用环保策略。改进产品设计过程可以最大限度地减少有害物质的产生，并确保废物（或排放物）在内部循环利用，从而实现最大限度地减少污染和节约资源的目标。

（5）全社会参与性

推行循环经济是集经济、科技与社会于一体的系统工程，这就需要一套全面的规则和操作程序，以及监督其执行情况的管理机制。要使循环经济得到发展，光靠企业的努力是不够的，还需要政府的财力和政策支持，需要消费者的理解和支持，才能使经济社会整体利益最大化。

2. *矿业循环经济模式*

在过去十年中，循环经济实践在国内和国际层面取得了重大进展。我国不少大中型企业在研究循环经济理论时，创建了多种符合实情、实用且有效的循环经济模型。

（1）企业内部循环型

主要方法是在公司内部实施清洁生产，允许在各种生产过程之间循环资源。以这种模式运营的矿业公司应在采矿阶段仔细规划，以减少损失提高资源回采率。应对不同品级的资源制订不同的开采计划。开采的废石应尽可能重新填充，塌陷的土地应该复垦并进行绿化。尾矿应回填矿井或用作建筑材料。在选冶阶段，有必要根据矿石特征不断调整生产过程，使用先进的技术来提高选冶回收率，并大幅提高共生伴生组分的回收率。

（2）企业自身延伸型

企业利用自身延伸其领域，将废弃物视为可用于业务发展的可再生资源，从而扩大整体经济。

(3) 企业资源交换型

在多种矿产集中的地区，所有采矿及金属产品加工项目都由不同的行业设立，并成立了区域采矿群体。通过提供各种产品或副产品，原材料、技术和技术，相互补充，实现企业间最大限度地利用矿产资源。

(4) 产业横向耦合型

采矿业、能源产出、化工、轻工业、建筑材料之间互联，形成生态工业网络。循环、混合、再生的矿物质最终在很大程度上完全被消化和吸收。受益于各个行业的公司网络，具有广泛的材料需求以及完备的全面加工能力，所以其在资源的利用方面比传统单一矿产开采企业更加广泛、深入。

(5) 区域资源整合型

矿产资源的区域一体化是指将循环经济广泛融入区域社会经济体系当中。在综合区域计划框架内，将通过整合材料、水、能源和信息网络，将一系列资源纳入区域循环经济体系（区、市、省经济区）。采矿不仅限于工业，还包括农业、畜牧业、环境保护、旅游业和公共服务业，为社区提供矿产产品、材料、能源、水、天然气和服务。将废弃的矿井开发为多用途的场所，已恢复生态的矿山将成为旅游和教育景点。采矿业和整个社会经济正朝着可持续发展的方向发展。

以上几种模型代表了循环经济发展的不同水平——企业内部交易是微观经济循环的一部分，作为经济循环的基础和前提。企业合并是循环经济的重要组成部分。社会整合表明循环经济的发展已达到更高阶段。一旦采矿业加入循环经济，它将作为正式成员参与社会新陈代谢，并保持持久活力。采矿业是循环经济的一部分，矿业公司不能形成一个封闭的循环，只能形成一个网络链的循环。实现矿产资源循环利用，必须依靠其他产业的联动与支持。

将矿业融入循环经济是中国产业结构调整的一部分，是发展采矿业、加快社会资源节约型和环保建设的重要战略措施。

第二节　矿山环境保护的防治技术

一、矿产资源开发的原则与技术要求

（一）矿产资源开发的环保原则

矿产资源的开发应严格控制矿产资源开发对矿山环境的干扰和破坏，最大限度地减少或避免矿山开发引发的矿山环境问题。矿产开发应倡导“污染减量、资源循环、再利用”的循环经济技术原则，包括以下几点。

（1）开发绿色开采技术，最大限度地减少对矿区生态环境的破坏。

（2）发展节水的工艺，节约用水，减少水的使用量。

（3）发展无废物或低废物工艺和技术以减少废弃物产生。

（4）废弃物提取技术是优先提取贵金属、组件或可利用能源，然后将其用于建筑材料或其他目的，最后以无害的方式处理和处置废物。

（二）矿产资源开发的环保要求

（1）矿产资源开发必须符合国家产业政策的要求，区域的选择和规划必须符合当地区域发展计划。

（2）矿产资源开发公司要设计充分的方案来开发矿产资源并评估环境影响，注重环保、地质灾害防治、保护水土资源、废弃地复垦等工作。

（3）在矿产开发阶段，首先要对矿区环境进行详细勘探，建立矿区水文条件、地质状况、土壤以及动植物等人类基本环境条件的数据库。同时，预测和评估矿产开发中可能发现的地质环境问题。

（4）在矿产资源开发的规划阶段，还应特别注意保护矿区的环境。

（三）矿产资源开发的技术要求

（1）矿物开采和加工技术有利于矿产资源减少浪费、提高水循环利用率和降低开采现场对环境的影响。

(2) 为将资源优势转化为经济效益，应注重打造低污染、高附加值的产业链（如煤改电、煤改化工、铁矿石改铁精矿等高附加值产业）。

(3) 应统筹规划、分类管理、综合利用采矿用水和其他外部用水。

(4) 采矿和选矿厂的设计应考虑最大限度地回收和提取矿产资源，同时考虑对共生资源和相关资源的综合利用。在设计采矿和选矿厂时，应最大限度地提高矿产资源的回收利用率，并同时考虑共生、伴生资源的综合利用。

(5) 在设计陆路运输系统时，应考虑运用封闭的运输方式运输矿物以及固体废弃物。

二、矿山环境保护的方针政策

在经济、社会和环境可持续发展的战略推动下，矿山企业应遵循“预防为主，防治结合”“在发展中保护，在保护中发展”“以治促产”，立足科技进步，发展循环经济，发展绿色矿业的原则，保护好矿山环境。

矿山环境保护与综合治理的地域范围，不仅限于矿山开采区，还应包括受矿业活动影响的地区。尤其是地下开采的大型矿山，即使地面未被矿山开采所占用，但受矿山开采影响已经产生的环境问题，也应列入矿山环境保护与综合治理的范围。

环境保护和矿山综合管理的地域范围不仅限于矿区，而且包括受采矿活动影响的区域。特别是环境保护和矿山综合管理的范围还应包括大型地下矿山，对矿山未被占用但采矿活动的影响已造成环境问题也应列入其中。

在采矿和矿产开发的全过程中，应加强对矿山的环境监测。依据“预防为主”的原则，新建矿山实行严格的环境影响评价和“三同时”制度，以防止矿区污染和生态破坏现象发生，对生产矿山实行过程控制，加强生产过程中的环境监测和恢复治理；实行矿山生态环境恢复治理保证金制度，鼓励企业加强污染防治和生态恢复治理工作；在关闭矿山时，注意做好随后的生态环境恢复治理工作。

促进与矿山生态环境保护相关的研究，重点关注矿产资源开采引起的环境变化，引进先进的生产技术、方法和设备，以提高资源效率并减少矿产开采产生的废物。通过引进先进的采矿、加工技术，促进“三废”的提取、处理、回收和广泛使用。促进采矿和废弃物利用领域的研发，建立多样化和可持续的矿产资源供应体系。鼓励开发和传播新技术和工艺，增加对科学技术方面的投资，将资源的广泛利用、环境保护落到实处。

保护免受矿山污染和清理新建或扩建矿山综合计划的内容和深度必须符合矿山建设主要工程阶段的要求，以及开发计划和基础设施采矿技术，废弃土地和其他开发机构的复垦须符合保护环境和控制矿山污染的技术政策要求。

新成立和运营中的矿业公司必须评估和解决与侵占破坏矿区土地和植被、破坏矿区水体平衡、水污染和矿山地质灾害有关的问题。

三、矿山环境保护的总体要求

有必要评估采矿作业对环境的影响，制定环境保护措施，应用先进的矿山环境保护技术和做法，提高矿山环境保护水平，并采取有效措施保护地质遗迹和人文古迹。

（一）新建矿山的要求

（1）依据“以人为本”的原则，可以实现矿山生产区与居住区、矿区与城市区分离，以确保人类居住区的安全，提高人类居住区的质量。

（2）选择合适的采矿技术和方法，以减少或防止矿山的环境问题。

（3）制定预防措施，解决采掘废弃物管理和储存过程中产生的环境问题。

（4）严格执行环境质量标准和污染物排放标准。

（5）制订矿山环境监测计划和动态矿山环境监测计划。

(二) 已投产矿山的要求

(1) 根据矿山的实际状况，引入采管一体化的手段，快速完成矿山环境的恢复和管理。

(2) 在露天矿山开采中，应采用室内排放和清除、土壤倾倒、土地恢复和复垦的综合技术。

(3) 严禁通过渗坑、废弃矿井、废弃矿井和清水贮存、排放稀释废水和其他有毒有害废水。

(4) 贮存含有毒有害物质的污水、废水的渗滤池、贮存池、沉淀池应采取防渗、防漏、防渗漏措施。

(5) 矿石和矿石废料应以有组织地正确方式堆放，明确斜坡稳定的角度，必要时应采取锚固措施。

(6) 露天开采应根据地质条件选择合理的倾角范围，避免坍塌、滑坡和土壤裂缝。

(7) 在固体矿山地下开采的情况下，建议保留矿柱和矿墙或采用反向开采方法及时填充固体废物。

(8) 在地下开采液态矿物的情况下，确定允许的开采产量（或增加回灌量）。

(三) 拟闭坑矿山的要求

(1) 在采矿期间关闭采石场、水井和道路后，应事先制定关闭或回填方案，以有效防止遗留问题。

(2) 针对潜在危害的环境问题，应制订监测和监督计划，并根据监测数据进行趋势分析和预测，以便及时采取预防和控制措施。

四、矿山生态环境的治理

(一) 矿区泥石流的治理

(1) 山体滑坡是一种地质灾害，主要发生在以前的矿区。其产生的原因与人类采矿活动产生的矿渣、岩土、尾矿泥（砂）等没有得到科学合理的处置有关。矿区滑坡灾害的防治主要从以下两个方面整治：一是消除或加固滑坡的物质源，二是消除产生滑坡的主要因素——水源。

（2）新开发的矿山应事先规划好安全的填埋场及储存地，对尾矿泥沙进行标准化填埋，并制止任意倾倒废弃物。

（3）在有废水和废渣的矿区，须采取适当的技术措施，回填散落在山坡和山谷中的废溪流，以恢复该区域，并在有大量泥石流来源的沟渠下端修建沙坝。

（4）改善矿区排水系统，防止在风暴潮期间排放废弃物；如有必要，在矿源区修建可承受猛烈洪水的溢洪道，同时修建设计合理的堤坝，以控制水土流失。

（二）山体滑坡的治理

（1）预防和控制矿区滑坡的措施应基于滑坡的原因。矿区滑坡主要分为：采矿活动引起的滑坡和降水引起的滑坡两种。控制塌方的措施主要包括：优化采矿作业、降低高度和坡度、加固桩防滑桩、锚杆（绳索）等以防止塌方，减少主要滑坡区域的角度和荷载，在有效区域内修建阻挡结构，设计适当的排水和防水工程。

（2）根据滑坡风险，确定了预防措施的目的、安全标准，设计了工程的强度和数量、工程的锚固、防滑桩、污水系统和其他防滑措施。

（3）滑坡防治技术方案实施中，确保施工过程中不受抗滑挡土墙的开挖等扰动影响。

（4）混凝土结构的抗滑挡土墙一般用于控制中小型滑坡。

（5）抗滑桩必须有足够的强度和嵌入深度，设计滑坡桩的高度和间距时必须考虑滑坡体的范围和滑坡层的厚度。抗滑桩主要有打入桩、钻孔桩和挖掘桩三种。

（6）应使用锚固方法处理基岩完整、具有软弱结构的滑坡。

（7）应根据滑坡的规模、岩性、危险程度和发展阶段据实测算选择锚固方法。

（三）开采沉陷的治理

（1）土地塌陷灾害治理应考虑土地塌陷与土壤开裂的内在联系。做到防治结合，综合治理。

（2）当废弃地下矿山和硐矿区域发生塌陷和地裂缝时，应采取措施在地下堆放废渣以减缓塌陷；为防止塌陷的形成，可通过地裂缝注入尾矿砂浆（或水泥砂浆），使填充物的固化速度加快。

（3）地下坑道在使用过程中，在地表出现裂缝或有沉陷迹象的情况下，应在土体出现裂缝的地方进行固结、压实等措施，并采取系列措施对地下坑道进行加固，防止地下坑道塌陷。

（4）地下坑道废弃之后，土面虽有沉陷，但沉陷程度较小的，应将剩余废渣由外向内灌入土层下部，土层上部用细粒尾矿填实，形成良好的绿化基础。

（5）地下硐体已废弃，但地表沉陷程度大、治理难度大的特殊区域，可划定为矿山地质灾害监测研究特殊区域。基于安全考虑，该方案应划定禁入区和监测区，并修建围栏和观测路线，以防灾害发生。

（四）矿区岩溶塌陷的治理

（1）制订岩溶塌陷管理计划前，有必要确定岩溶塌陷的原因及其岩溶塌陷地下矿井排水的关系。

（2）地球物理勘测，用于确定岩溶沉降的范围、规模、形态和深度。

（3）如果岩溶塌陷区下方没有采矿活动、塌陷区不是农田、满足蓄水条件，就可以蓄水用于水产养殖或农业灌溉。

（4）如塌陷区原为耕地，应将其填平并重新植被。

（5）岩溶塌陷区内有地下采矿设施，如巷道等，应按相关规定采取工程防护措施，并进行专项治理。

（6）在处理岩溶塌陷时，须采取适当措施在源头控制坍塌发生，将供水、卫生和环境保护结合起来，合理利用水资源，以改善矿区环境。

（五）固体废弃物堆放场的治理

（1）根据废渣和废石的种类和体积处理废弃物，在底部放置粗土块或大土块，压实后分层填埋。

（2）含有不良成分的岩石和土壤应放置在堆放场深处，将易风化的岩石层（或其他适合的土层）放置在顶部，富含养分的土层应放置在排土场表面或顶部。

（3）重建的水平面和斜坡必须用土回填，并应充分利用开工前收集的表土覆盖地表。如果没有合适的土壤，使用其他无污染的材料也可。覆盖土层厚度应根据场地用途确定。

（4）为了防止煤矸石自发氧化燃烧，需要采取压实煤层、用黏土覆盖以及快速植被重建等措施对煤矸石进行处理。

（5）若废弃物含有毒、有害或其他放射性成分，在用泥土覆盖前，应用碎石进行深度覆盖，并应有防渗漏措施，不得裸露在斜坡上。

（六）水平衡破坏、水污染的治理

（1）论证开采矿产对地下水产生的影响。

（2）如果矿山排水、选矿废水和生活污水的排放有导致环境污染的可能，应建设污水处理工程。

（3）污水处理设施应根据排入矿区的废水量，结合周边社区的废水处理能力综合考虑。

（4）污水处理设施的选址、规模和技术应依据相关工程设计和施工规范。

（5）为防止或减少地下水污染应采取必要的措施，如修建排水沟、引水渠和渗流处理。

（6）通过抽水和回灌方式，下游受污染的地下水可被抽走，在上游回灌清洁地表水。

（7）灌浆等技术措施可有效防止或减少采矿对地下水储存带来的影响。

（8）矿区工业垃圾和城市生活垃圾的处理应符合《城市生活垃圾焚

烧处理工程项目建设标准》和《城市生活垃圾卫生填埋技术规范》，并与矿区实际情况相协调，避免二次污染。

五、改进采矿方法、推进环境保护

（一）空场法、崩落法的环境保护

1. 空场法、崩落法的环境危害

地下采矿需要将地下水疏干，并将地下水、生产用水排放到地表，这大大降低了地下水位，漏斗半径达数十千米。这导致地下水大量枯竭，水文地质条件从稳定变为不稳定，地面不均匀沉降，出现滑坡和断层，大气沉降物与地下水直接混合，导致地下水污染，无法直接饮用。水位过低还会导致房屋和道路出现裂缝，妨碍农田耕作。

除此之外，空场法、崩落法的环境风险还包括：地表塌陷、废物处理、安全风险、自然景观破坏和重大地质灾害、水质污染、水生动物中毒以及对人类和牲畜饮水安全的威胁等。

2. 空场法、崩落法环境保护措施

（1）回填法采矿

近年来，根据生态采矿的工业模式，结合控制和危害预防理论，在采矿过程中采用保护性回填，以最大限度地利用矿产资源，保护地表，防止塌陷现象发生；利用大量废石和低成本的尾矿（赤泥）回填，实现采矿过程中固体废弃物的低排放或零排放，实现生态采矿、循环经济和可持续发展。该技术通过利用大量废石和廉价尾矿（赤泥），践行生态开采、循环经济和可持续发展的理论。

（2）科学采矿加强环境保护

矿业开发模式从粗放式经营向集约化经营转变，发展现代装备技术，实施科学开发和安全生产，减少资源浪费。坚持以人为本，促进矿产资源开发、生态建设和环境保护的协调发展。矿产的开发由原来的粗放型向集约型转变，注重现代装备和技术的运用，引进科学采矿和安全生产理念，以减少资源浪费，为生态环境保护做贡献。

（二）充填采矿法的环境保护

1. 矿石资源充分利用

回填矿山最重要的任务之一就是充分利用矿石。矿产资源是不可再生的资源，对其充分开采和利用已成为当代人的首要任务。另外，从矿山企业的商业目标来看，对于某些优质矿藏应尽可能充分开采利用，可使得企业获取更多的经济效益。

2. 远景资源保护

随着可持续发展战略在全球范围内的推行，矿产资源的合理利用不再局限于在现有技术条件下对可利用资源的充分开采，而是必须充分考虑到远景资源能够得到合理保护这一事实。待采矿体的围岩很有可能是未来可利用的资源。然而，基于目前的共识，损失范围内并不包含远景资源，主要由于当前受技术条件制约无法开发，或是经营的工业价值尚未得到认可。因此，现代采矿业很少考虑未来资源的利用问题，在无法明确未来资源的情况下，很难进行整体规划。现代资源的开采导致远景资源遭到严重破坏，崩落范围的远景资源就很难开采，或者即使可以开采，也存在很大的技术难度。

3. 防止地表塌陷

运用回填法进行矿床开采时，在开采过程中及时回填矿井是保护地表不塌陷、保证采矿业与环境和谐发展最有效的技术。

4. 充分利用矿山固体废料

当今的工业体系本质上是资源开采和废弃物管理的过程。采矿业作为废物排放的主要来源，占所有工业固体废物排放量的 80%～85%。由此可以得出结论，现在采用的开采模式对地表环境造成了巨大压力，与可持续发展战略格格不入。采用自然级配的废石胶结充填、高浓度全充填的砂胶结技术和赤泥胶结技术不仅具有充填效率高、可靠性高和在压裂过程中脱水性能最小、可运输性好和材料流动性能好、良好的物理化学胶凝性能、骨料的高抗压强度和机械性能的长期稳定性等特点，还能够使得废石和淤泥等得到有效利用。这样，矿山回填就可以将矿山废弃物作为一种资源进行再利用，尽可能减少废弃物的产生。

（三）地下采矿环境保护措施

1. 在现代科学采矿的基础上开发新的采矿技术和工艺

采矿与环境保护既相互对立又互相统一。采矿对环境造成或多或少的破坏，矿山的环境治理和保护应标本兼治，从采矿技术着手，在采矿、选矿和运行过程中，尽可能减少对矿山生态环境造成污染和破坏。要充分开发和回收利用矿山废弃物，以维护矿山环境的平衡与稳定。在开采方式上，应加强研究，开发新的采矿技术和工艺，应用充填法采矿，充分利用矿山废弃物制备充填材料，减少和解决废石地面堆积、运输和污染等问题，为促进矿山环境保护，促进矿山与环境的协调发展发挥了积极作用。

2. 研究开发预防和保护地下水的新方法

应加大科研投入，研究预防和保护地下水的新方法，采用不疏干矿床、不破坏地表、不移动建筑物、不改变河流、井下不还水的地下水治理新方法。调整注水和回填技术，实现不脱水的目标。不脱水就可以保持稳定的生态系统环境，也就可以实现不还水、不搬迁。采空区充填可以控制地表不沉降，从而不改变河流。只有坚持水污染防治“五不”目标，才能使矿山环境得到有效保护。

3. 科学采矿，合理利用资源

改进选矿工艺，提高水的重复利用率，减少污染，加大对矿山废水处理的投入，提高生产用水的重复利用率。有效利用废渣，治理生态环境，提高经济效益，充填采空区是直接利用废渣的有效途径之一。建材研究也是确保矿山持续发展、解决地面排弃物污染的有效途径。

4. 完善法律法规体系，重视矿山环境保护

矿业环境问题是经济发展和矿业可持续发展的阻碍。应在矿山现有环保措施的基础上，进一步完善矿产资源开发和环境管理体系，将环境保护纳入项目开发和计划实施的全过程。以环境保护为先导，在制定改进措施的同时，将不可避免的环境影响降到最低。健全矿山环境监测管

理，提高环境管理水平。充分利用矿山废弃物，填平采矿造成的地面沉陷，种植花草树木，绿化、翻新和回收矿业废弃物，使其成为新的资源，不仅可以减少土地使用和污染，还能产生很好的社会影响。

5. 建立法律及经济约束机制

建立法律的约束机制，使经营者对采矿和建筑活动造成的污染和破坏承担相应的法律责任。建立经济执法机制，政府利用收取废水处理费、废水处理权交易和执行保证金制度，责成企业妥善解决污染防治和环境保护问题。建立排污与废水管理分离制度，鼓励成立专业环保组织，在管理和责任方面将环境责任移交给政府，以促进矿业经济的可持续发展。

第三节　露天采矿环境保护

一、粉尘的产生与降尘

（一）钻孔产尘与降尘

在目前所有生产设备中，钻机产生的粉尘量位居第二。在未采取防尘措施的情况下，钻机口附近工作区的平均粉尘浓度为 448.9 mg/m^3，最高可达 1 373 mg/m^3。钻机机舱内的平均粉尘浓度为 20.8 mg/m^3，最大为 79.4 mg/m^3。该浓度是在雨季测得的，在干燥多风的季节可大大超出上述测量结果。

使用牙轮钻机以 0.05 m/s 的速度钻孔时，风流中仅产生 10～15 μm 的微尘（最多 3 kg/s），即使在远离机器的空气中的粉尘浓度仍远远超标，污染露天矿的大片区域。

目前，露天矿主要采用三种粉尘控制措施，即干法除尘、湿法除尘和干湿结合除尘。具体取决于钻探设备的粉尘特性以及温度和供水条件。

实践表明，最佳解决方案是干式集尘——将布袋过滤作为集尘系统的最后阶段。布袋清灰技术包括机械振动和脉冲加压气体喷吹。在我国，以后者为主，布袋过滤附加旋风除尘器为前级，最好的是多级除尘系统，是将大的粉尘和细小的岩石颗粒捕集在隔膜中。布袋除尘器不影响齿轮钻机的速度和使用寿命，使用更加方便；缺点是其辅助设备较多，维护较困难，容易造成积尘灰堆二次飞扬。

湿式除尘主要利用蒸汽和水混合除尘，这种方法简单易行，可确保工作场所符合国家卫生标准。但在寒冷地区，应避免冻结，其缺点是会降低钻孔速度以及缩短钻头寿命。

干湿结合的除尘方法：向钻孔中注入少量的水，形成一个细小的粉尘捕集器，然后依次使用离心式除尘器或洗涤器、文氏管等其他湿式除尘装置配合干式除尘装置，以确保采用完整的除尘方法。

潜孔钻机产尘量比牙轮钻机稍小，但也有一定数量的粉尘产生。潜孔钻机除尘的原理与方法基本与牙轮钻机相同，分为干式、湿式两种。干式除尘直接对孔中吹出的尘气混合物分离、捕集；湿式除尘用汽水混合物供给冲击器，在孔内湿润岩粉，使之成为湿的岩粉球团排出孔外。

潜孔钻产生的粉尘量略低于牙轮钻机，但粉尘仍然存在。潜孔钻的除尘原理和方法与牙轮钻机基本相同，可分为两种，即干式和湿式。干式除尘是将粉尘和气体混合物抽出并截留，直接吹出孔外；湿式除尘是向钻孔内注入蒸汽和水的混合物，在孔内湿润岩粉，使其成为湿岩屑球因此被导入排出孔。

干式除尘器带有孔口捕尘罩，防尘罩顶部与定心环相连；旁侧防尘管上装有橡胶圈，可使其在沉降箱侧壁上自由滑动，利用风机在箱内形成负压，沉降箱吸气口可胶合不漏气。更换钻杆时，只需抬起定心环，防尘盖即可同时升降。

清除湿粉的方法如下：凿岩时通过注水阀的进水压力改变注水方向，开启水循环，通过水泵喷嘴的进水压力将水泵喷嘴中的水喷出，通过摆杆阀的进水压力吹入水雾，摆杆产生气水混合物，使岩屑形成湿颗粒，排入捕尘罩。

(二) 铲装产尘与降尘

电铲产生的粉尘量取决于开采矿石的相对密度、湿度和电铲附近的风速等。在一般采矿中，电铲产生的粉尘强度为400～2 000 mg/s。

在露天铁矿开采中，通常使用4 cm^3 铲斗的电铲，如果挖掘的矿堆是干燥的，铲装过程产生的粉尘在总粉尘量中排第三位。在电铲驾驶室，粉尘的来源是使用电铲时在门窗间隙产生的粉尘，然后是室内的二次扬尘。经过两步除尘和清灰措施后，电铲驾驶室内的平均粉尘浓度可降至1～2 mg/m^3。

在露天矿装卸矿石过程中，喷水防止粉尘逸散的方法仅对20～30 μm的大颗粒粉尘有效，对5 μm以下的粉尘无效。

在喷雾水中添加湿润剂有助于捕获较细的灰尘颗粒。加湿器不仅能提高水的润湿能力，还能渗透粉尘，使较细的颗粒混合在一起，从而以最小的水量提高润湿效果。

(三) 运输产尘与降尘

露天矿山附近道路经常会积聚大量灰尘，在遇到刮风天气或干燥天气，汽车驶过后，灰尘就会弥漫在空气中飞扬，在汽车驶过时，每立方米灰尘的含量高达几十毫克甚至几百毫克。

无论在国内还是国外，清除路面灰尘采用的最简单方法就是用洒水车喷洒路面。路面灰尘干燥的快慢主要由天气湿度和风速决定。如果天气干燥、风大，喷出的水容易挥发，对除尘起不到很好的作用。

对露天矿场运输道路上的粉尘控制主要有以下三项措施：氯化钙、沥青以及抑尘剂。由于长期使用氯化钙，容易造成轮胎腐蚀，而沥青粘层的寿命较短不能起到很好的效果。近年来，研发的一种性能更好的石油树脂冷水乳剂，作为路面除尘的化学黏结剂，用于喷洒石油沥青的乳胶化道路，效果良好，在国外有很大反响。

(四) 排土场产尘与降尘

推土机产生的粉尘强度从250 mg/s到2 000 mg/s不等，取决于矿石的含水量、空气湿度和露天矿场的风速。二次钻孔和爆破是采矿业一道重要辅助工序，尽管浅层钻孔产生的粉尘远低于大型机械在露天产生的粉尘，但由于作业现场靠近电线和道路，并与这些生产过程相互影响，因此二次凿岩区域空气中的粉尘浓度较高，在钻探干燥岩石时，粉尘浓度可达 100～220 mg/m^3。

在露天矿中，粉尘的来源之一是排土场、碎石、尾矿堆的沉积。为了避免矿石和废料堆的粉尘污染，在设计露天矿时应选择合适的地点。可利用低洼的自然地形，结合平整地面和复垦计划。如果没有可开采的洼地，矿址应远离居民点，并应种植松树林防风。此外，还应在采石场堆场喷洒水流，并使用覆盖剂形成地面覆盖层。除了在废料堆表面形成硬覆盖层外，覆盖材料还应具有防风、防雨、防晒、喷洒量小、原料充足、价格低廉、不会造成二次污染等特点。

二、预防排土场地质灾害

除上述粉尘污染外，露天开采还会造成矿区塌方，这是由大块岩石大规模位移和滑动造成的破坏性环境危害；以及矿区泥石流，这是由液体和固体流体流动造成的破坏性环境危害。

（一）排土场滑坡

滑坡是最常见、最频繁的排土场灾害之一，根据其发生机理可将其分为三种：排土场—基底接触面滑坡、排土场沿基岩软弱层滑坡和垃圾填埋场内的滑坡。

由于岩土材料的性质、排土工艺和其他外部条件（外部荷载、雨水等）的影响，基岩坚固的排泄点出现滑坡，滑坡区暴露在不同的斜坡高度上。

当排弃为大型固体岩石时，其变形较小，排土场相对稳定。如果岩石断裂，含有较多沙土，并带有一定水分，则新形成的喷发区角度较陡（38°～42°），随着排土场高度的增加，不断压实和下沉，在排水场中，可能会出现土压不稳定和应力集中现象。孔隙压力会减小潜在滑动面的摩擦阻力，最终导致滑坡。斜坡下部的应力集中区会引起斜坡的剪切变形或移位，使斜坡上部开裂或崩塌，形成抛物线斜坡（即上部陡峭，下部倾斜，直线测量的斜坡角通常为25°～32°）。

排土场内部滑坡与含有较多土壤或分解软岩的材料的机械特性有很大关联；如果雨水或地表水渗入排水场，排水场的稳定性就会迅速下降。

山坡形排土场下部陡峭，而且与坡底接触面的抗剪强度低于排土场内的抗剪强度，那么沿基底接触区滑动的可能性就较高。如果有一层腐殖土或表层土以及在第一阶段采矿过程中丢弃的分解岩石，这层土就会堆积在垃圾填埋场的底部，形成一个薄弱层。如果出现降水和地下水渗透，就会造成山体滑坡。

软弱基座变形导致排土场滑坡，当排土场位于软弱基座上时，由于基座承载能力低，卸料区会发生滑移，存在排土场滑坡的隐患。

在可能发生山体滑坡的地方，利用硬岩砌筑挡土墙是工程治理措施之一。干砌重力块石坝具有良好的渗透性，施工简便，干砌重力块石坝渗透性强，建造简便，而且成本低廉，一旦确定了排泄点，就可以成为预制滑坡挡土墙。除了防止山体滑坡的作用外，重力坝对泥石流也有一定的阻挡作用，并有利于排泄区内的水流和排水。

（二）排土场泥石流

在陡坡（30°～60°）上，岩石风化、滑坡、雪崩或充水饱和大量松散巨石和土壤物质的人为堆积，会形成天然泥石流。陡坡和峡谷的泥流中含有大量沙石，比例从15%到80%不等。大量洪水快速流动，在很短的时间内，数十万甚至数百万立方米泥石流就会倾泻而下，对道路、桥梁、房屋、农田等造成严重破坏。

泥石流的形成主要有三个条件：①形成滑坡地区富含松散岩土；②边坡地势陡峭，峡谷河道纵坡陡峭；③泥石流区中上部集水面积大，水资源丰富。矿山泥石流大多以滑坡和边坡冲刷的形式发生，即滑坡和泥石流伴随出现，其速度难以区分，故将其分为两种：一是滑坡型泥石流；二是冲刷型泥石流。

造成排土场发生泥石流的原因主要有以下几种：使用排土场前未对下方软弱层进行清理或清理不充分，导致排土场存在发生泥石流的隐患；排土场施工质量的许多重要环节，如排土场的地质勘察、排土场的设计布局等往往被忽视，未严格按照设计要求规范排土作业，从而发生泥石流；排土场底部的疏水性块石硬度不够，或岩石混杂在一起，在排土场内部形成软弱面，从而产生泥石流。在降水和地表水渗入排土场的影响下，排土场原有的稳定状态被改变，稳定条件急剧恶化，也会发生泥石流。

若排土场上方较陡，下方较小，且地形条件允许，则应先清除底部的土方，以确保排土场稳定。应合理安排清除土方的顺序，避免形成软弱层，硬质大石块应堆放在坡底，以增加坡面的透水性和稳定坡底，大石块应堆放在坡面最低台阶的底部，以防止受压。

如果土壤或软岩较薄，应在排水前将其挖开，以改善排土场底部摩擦力，使排土场保持稳定。此外，应根据可靠的地质勘测数据选择排土场，尽量避开断层、软弱原生地质层等地基薄弱的区域。

(三) 排土场防水

水是造成排土场山体滑坡、山洪暴发和径流三大灾害的原因之一，在排土场灾害中起重要的作用。因此，必须采取专门的技术措施进行水管理和排水工作。

在排土场修建截水沟并做好截水沟维护工作。在排土场上方斜坡挑选合适的位置修建排水沟，并定期修缮现有排水沟，以便将雨水和地表水集中引入排土场周围的低洼地区。

一般来说，会在合适位置钻排水孔，降低地下水位或防止静水压力导致隔水层底部膨胀，防止地下水穿透隔水层进入排土场。若基底存在大面积的低洼池塘，还可以利用挖掘暗渠的方法来排水。

三、闭矿露天坑及排土场的环境保护

(一) 转变观念，完善法律法规

为了实现环境的可持续发展，矿区的管理必须服务于整个自然界，而不是以前人类活动的重点——人类本身。矿山破坏土地治理的目标应是建立一个与当地自然环境相协调的人为生态系统，例如，农业生态系统和城市生态系统等，或是建立一个自然生态系统，通过恢复受损的生态系统或创建新的自然生态系统，对该地区原有的自然生态系统进行补偿、丰富、充实和多样化。

随着国民经济的发展，我国对环境保护越来越重视，制定了《中华人民共和国矿产资源法》《中华人民共和国水土保持法》《中华人民共和国环境保护法》《中华人民共和国水法》《中华人民共和国森林法》《全国生态环境保护纲要》等法律法规。

（二）植被恢复

植被恢复是生物恢复生物群落的关键前提。它可以人为地改善生境条件，满足某些植物的生存需求，促进短期重新造林，减少生态系统的自然演替。在力图恢复采矿生态系统时，由于植物生长条件已发生变化，恢复植被的结构和物种不太可能与原始植被相同。这并不意味着在最初阶段无法建立最终的冠层植被，只是表明在重新植被的最初阶段，不同的植物物种可能会占主导地位。随着生境条件的逐渐改善，一些亚先锋植物物种会从周边地区入侵，并在动物、风和水道等媒介的影响下形成多层次的植物群落。然而，最初的植被必须建立自我维持的植物系统，这样才能通过持续的过程形成理想的植物群落。

由于露天开采破坏了自然环境造成极端的环境条件，如斜坡上岩石裸露、地表碎石中土壤含量低、难以保持水分以及强烈的太阳辐射导致高温、干旱或水质浑浊等情况。植被覆绿必须与有利的土壤条件相结合，即土壤、养分和物理条件以及植物物种的栖息地必须得到确定和管理。

（三）露天采矿环境生态治理

环境管理旨在使自然、社会和经济系统的集体效益最大化。采矿作业过程必须遵守尽量减少生态系统破坏、资源回收、生态系统恢复和重建的原则和法规。最终目标是在视觉和生态上将景观和植被融入周围的区域生态。生态系统恢复应采取“由低到高”的方式，即模拟自然生态系统形成的先后顺序规律，适量投入，以恢复矿区生态环境。根据原矿区的生态资源状况，如干旱、干燥等，先种植先锋树种、草本树种和耐旱灌木，形成人工生态系统，然后逐步恢复生态系统功能。

第四节　矿山环境保护的监督

一、编制矿山环境保护与综合治理方案的程序

（1）通过计划任务委托。

（2）做好资料收集工作，仔细进行现场勘查。

（3）调查矿山环境。

（4）矿山环境评估。

（5）制定矿山环境保护与综合治理的方案。

（6）交由专家审查。

二、矿山环境调查

（一）基础资料收集与调查

（1）矿山位置及范围。

（2）自然条件：地形、气象、水文、植被、土壤等。

（3）矿山概况：矿业公司名称、类型、总投资、矿山建设范围和项目布局；计划生产能力、计划生产期、实际生产能力；矿产资源和储量、矿床类型和特征；采矿历史、现状、生产年限、采矿方法、采矿和加工技术；废物管理和处置等。

（4）地质背景包括：地层学、岩石学、地质构造、水文地质学和工程地质学，等等。

（二）矿山环境问题调查

矿山环境研究应确定与矿山相关的下列环境问题的程度、分布和危害。

（1）对矿区土地和植物资源的侵占和破坏，包括改变现有土地用

途、破坏地貌景观、水土流失、喷砂、盐碱化和土壤污染。其中最重要的是采石场、工业用地、尾矿库、尾矿堆放场和居民建筑等对土地和植物资源的侵占和破坏；采矿活动和地质灾害造成的土壤、植被以及景观退化问题；废水排放和垃圾填埋场沥滤液造成的土壤侵蚀。

（2）矿区地下水失衡和水污染，包括地下水位下降、水资源枯竭、地下水和地表水污染，以及矿井水位突然波动造成的地下水平衡变化，矿井排水和采矿后岩石断裂、裂缝和沉降导致各种含水层渗漏而形成的地下水沉井，废水排放、尾矿残渣和垃圾场渗滤液破坏水生环境而造成的地下水和地表水污染。

（3）矿山地质灾害，主要有井工开采、露天采矿等引起的采矿和地质灾害，如塌方、滑坡、沉陷（开采沉陷、岩溶塌陷）、土壤破裂等；以及废物堆积造成的滑坡、泥石流（矿渣流）和不稳定斜坡。

三、矿山环境影响评估

（一）评估工作的任务

（1）分析评估区的地质环境背景。

（2）对评估区矿业活动引发的环境问题及其影响做出现状评估。

（3）对矿业活动可能引发或加剧的环境问题及其影响做出预测评估。

（4）对矿山建设和矿业活动的环境影响做出综合评估。

（二）评估的内容

（1）采矿活动对水资源和水生环境造成的变化及其影响很大，如地表水渗漏、区域地下水不稳定和水质污染。

（2）采矿活动对土地和植物资源的影响，如土地沙化、岩土污染和水土流失。

（3）采矿活动造成的地质灾害，如沉陷、地裂缝、滑坡、泥石流及其危害程度。

（4）采矿带来的风险及其对重要技术设施、建筑、工厂和矿山、不同类型的保护区和自然景观的影响。

（三）评估工作级别确定

评估矿山建设和运营期间可能出现的环境问题，以及矿山环境面临的地质风险程度，评估地质灾害造成的风险，论证矿山环境对矿山建设和运行的适宜性。不应仅对矿区进行环境影响评估，受采矿活动影响的地区也应包含其中。正在运营的矿山和正在重建（扩建）的矿山主要从矿山环境现状和预测方面进行评估，而新建矿山主要从矿山环境预测方面进行评估。

（1）矿山企业环境影响评估精度取决于评估区域的重要性、地质和环境条件的复杂性以及矿山企业的生产规模。

（2）评估区的重要程度主要根据人口密度、重要技术设施和自然保护区的分布以及耕地面积确定。

（3）矿山地质环境条件复杂程度按矿山开采方式和露天开采方式划分，并根据区域内矿山的水文地质、工程地质、环境地质、地形地貌和开采情况确定。

（4）评估准确性要求。一级评估必须使用半定量和定量方法评估，预测矿山对环境的影响程度，并对总体情况进行评价。二级评估将包括对现状的半定量和定性评估、前瞻性评估以及对矿山环境影响的全面评估。三级评估包括对现状的定性评估、对矿山预期环境影响的评估以及总体评估。

（四）评估工作程序与方法

1. 评估工作步骤

（1）根据采矿环境研究划分评估等级和界定评估区域。

（2）分析评估区域采矿环境问题的驱动因素、原因和趋势。

（3）对矿区进行环境影响评估。

2. 评估工作方法

（1）层次分析法、模糊全局评估法、相关分析法和类比法是用于矿山环境影响评估的主要方法。

（2）对新建矿山来说，环境影响评价的重点应放在远景评价上；对于已投产和正在改（扩）建的矿山，环境影响评价以现状评价和远景评价相结合。

（五）评估技术要求

矿业公司环境影响评估的范围包括采矿区的范围、采矿作业的影响范围以及可能影响采矿作业的不利地质因素的范围。在确定采矿作业的地质和环境条件的基础上，采矿环境影响评估包括现状评估、未来评估以及结合采矿业现状和开发经营方案对采矿作业的环境问题进行综合评价。

1. 现状评估

（1）分析和评估矿区环境问题的发展水平、现象和环境问题的原因，分析矿山的特征和邻近矿山间的相互作用程度。

（2）评估环境问题对人员、财产、环境、自然资源以及重大建设项目造成的风险和后果。

（3）评估环境保护措施、灾害管理和预防以及矿山控制的现状和效果。

（4）评估区域环境质量和防治采矿业环境问题的难度。

2. 预测评估

按照矿山类型及其计划开发和使用情况，在对现状进行评估的基础上，确定采矿、选矿、冶金和废物管理（包括废石、废渣、尾矿和废水）的规模、深度、数量和方法；根据评估区域的地质和环境条件，预测潜在的环境问题；确定采矿作业可能造成和加剧的潜在环境问题分析、论证和评估环境问题。

（1）预测采矿可能造成和加剧的环境问题的原因及类型。

（2）预测和评估各种环境问题对人员、财产、环境、自然资源以及重大建设项目造成的风险和后果。

（3）预测采矿作业中的地质灾害风险。

（4）预测评估区采矿后地质环境的总体质量。

（5）分析在解决采矿活动造成的各种环境问题时面临的挑战。

3. 综合评估

在充分了解现状的基础上，对该地区的环境影响评价进行预测与评价的综合分析。根据破坏程度和环境影响程度、资源、重大建设项目和设施、地质灾害程度、预防和解决采矿活动造成的环境问题的复杂性以及采矿活动对环境影响的总体程度，采矿对环境的影响可分为三个级别，即影响严重、影响较重和影响较轻。

四、矿山环境保护与综合治理方案的编制

在自然资源开发和生态环境保护之间实现协调发展，提高自然资源开发和利用效率，防止和减少矿区的环境破坏，实施全面的环境保护管理计划，改善矿山公司的生产环境和矿山人民的生活环境。最近成立并投入运营的矿业公司必须在经过专家审查后，制订全面的环境保护和采矿管理计划，并提交国土资源行政主管部门批准。国土资源行政主管部门应作为各级土地和资源管理部门颁发采矿许可证的基础，并作为权利持有人转让、修改和延续采矿权的基础。各级土地和资源管理部门在实施储存系统、监测和管理矿山环境保护实施的基础上。根据矿山环境影响评估，结合生活环境和经济社会发展的需要，确定环境保护和综合采矿管理的目标和任务。根据矿山年限和矿山开采计划，确定矿山总体环境管理方案的适用范围。

第四章

矿业废弃地生态开发技术

第一节　生态修复技术

一、土地复垦技术

矿山土地复垦是矿山尾矿生态恢复的基础，充分了解国际常用复垦技术，促进受采矿、塌方、建设和再采矿受损地区的生态系统的恢复，对于成功开发矿山尾矿至关重要。这包括采空区的恢复、废料处理场的建立、尾矿造田以及新景观的创造等。主要的土地复垦技术包括土壤重构技术、植被恢复技术以及边坡复垦技术。

(一) 土壤重构技术

排土场、尾矿库和其他采矿废料场地的土壤相对贫瘠、缺乏养分，但肥沃的土壤环境是生物因子（动物和植物）生存的先决条件，因此土壤修复是土地复垦的重中之重。土壤修复技术最重要的部分是覆土后表土层的重建工作。采用物理、化学、生物等方法改良矿山废渣区的贫瘠土壤，将其转化为可植被土壤，为植被恢复提供条件。通常来说，矿区表土中的养分缺乏（如氮、磷、钾的缺乏），会影响植被的养分供应，而植被的养分供应决定了植物的生长和生产力，养分缺乏很难通过自然过程恢复，所以只有人为干预才能使废弃矿区的表土养分含量恢复到适合植被生长所需的水平。

1. 物理改良技术

(1) 表土保护利用技术

该技术基于对表土（0～30 cm 深）和底土（30～60 cm 深）的分析，为防止养分流失，将土壤储存在场外，待煤矿开采过程结束后土壤恢复时再进行补充，为植被恢复和景观复原提供养分丰富的土壤。如果矿山废料中的土壤很少或没有土壤，可以先修复表土。如果矿山尾矿中的土壤污染严重，含有大量有毒化学物质，可以先在表面铺上一层高密度聚酯乙烯基薄膜保护层，防止有毒化学物质上移，然后再回填原来的土壤。在回填之后，可以进行后续的生态修复，如重新植被等。

(2) 客土覆盖技术

为了解决矿山废料堆中土壤稀薄或土壤贫瘠的问题，可以利用堆放在废料堆外的熟料泥浆来改善土壤的物理和化学性质。在适当的情况下，可以使用氮、微生物和植物种子来帮助恢复矿山废料堆。可结合“以废治废”的补救措施对受损土壤进行覆盖，以最大限度地利用可能肥沃的城市废物、污泥或岩石和腐殖质层，并最大限度地减少对其他场地土壤的破坏。客土用量应根据适用的客土用量粒度组成和质地规格确定。外植体的用量根据外植体和外植体颗粒的成分以及所需的质地标准来确定。客土方式有两种：整体客土和穴状客土。整体客土指的是在处理区覆盖相同标准的客土进行覆盖，而穴状客土是指在处理区主要种植穴状，种植坑的大小应为 0.8 m×0.8 m×0.8 m（或至少 0.5 m^3 的种植坑），种植坑之间的土壤厚度至少为 0.2 m。

(3) 有机物改良技术

有机物含有许多植物生长所需的营养物质，可以改善土壤性质。有机物可分为两种：一是生物活性有机肥料（动物粪便、污水污泥等）和生物惰性有机肥料（泥炭和各种矿物添加剂混合物）。这些有机肥料可以有效吸附阴离子和阳离子，可以与污染物一起应用于土壤中，以提高土壤的缓冲能力并降低土壤盐分。添加的有机物还能以螯合物或络合物的形式与某些重金属离子结合，使其毒性降低，提高基质的保水和保肥能力。

2. 化学改良技术

(1) 营养物质添加技术

矿区废地的土壤缺乏植物生长所需的养分，要提高土壤肥力，需要使用矿物肥料或利用豆科作物的固氮能力。例如，1 hm^2 使用 80 t 石灰和 100 t 有机肥可使土壤导电率和酸度明显降低。木屑可以提高灌木和杂草的存活率。速效肥容易流失，因此需要少量、多次施用才能有效恢复土壤肥力。合理使用肥料是提高产量的有效工具，调整肥料种类、养分组比例、施肥时间、方法和用量对提高产量有很大影响。

（2）易溶性磷酸盐法施用技术

易溶解的磷酸盐会在土壤中形成重金属的不溶盐，降低土壤中大部分重金属的生物利用率。如施用越来越多的易溶性磷酸盐，会在增加土壤磷含量和土壤肥力的同时，形成不溶性重金属化合物（磷酸盐），有利于重金属的固定，降低重金属的生物利用率。

（3）含 Ca^{2+} 化合物加入技术

废弃的采矿场地主要是排放废物、堆煤、废水等。不同废弃土地的土壤 pH 值不同。高酸土壤很容易导致土壤中矿物质离子浓度高，从而对动植物和微生物生长造成影响。硅酸钙、碳酸钙、熟石灰或其他农业石灰材料（包括含 Ca^{2+} 化合物）可用于处理酸性土壤，中和土壤中的酸元素，达到改善土壤质量的效果。为了修复高碱土，可以添加适当的硫酸铁、硫黄、石膏、硫酸等材料来中和土壤中的基本元素，也可以采用合适的煤炭腐殖质酸物质，使土壤成分达到植物生长的要求。

3. 生物改良技术

（1）动物改良技术

处于食物链最底层的土壤动物是生态系统中主要的消费和分解者。让有益的陆生动物参与矿区土地恢复，能够改善恢复系统的功能。例如，蚯蚓可以有效改善矿区的土壤性质，富集重金属，促进废地复垦和生态恢复。

（2）植物改良技术

种植先锋植物能够吸收废地土壤中的污染物，从而改良土壤。植物改良的作用是吸收土壤中的重金属，并将其输送到土壤表层（或植物根茎），然后收集起来进行集中提取，使土壤中的重金属含量降低。

（3）微生物改良技术

微生物进行代谢，能够使土壤和环境中有害物质的浓度降低，中和受污染土壤，使土壤微生物系统得以恢复，提高土壤活性，加速修复过程，缩短修复期。微生物工程是生物技术领域的干预手段，当使用微生物吸附时，可以有效处理废弃地土壤。微生物修复最常见的方法包括添加营养物质、培养外部可降解细菌、生物通风、土壤处理、施肥等。其中，生物通风法的目的是在空洞矿区的污染土壤中钻几口深井，安装土壤鼓风机、真空泵和空气强度，然后从土壤中提取挥发性有机物。在引入空气时，加入适量的氨气可以提供必要的氮源，减少土壤中的细菌，提高微生物活性，提高去除效率。

（二）植被恢复技术

植被恢复是运用生态学原理恢复或重建退化的森林和其他自然生态系统，通过保护现有植被或营造人工林、灌木和草地，恢复其生物多样性和生态系统。

这种方法充分利用了矿山废料场的原始地貌，以恢复景观和减少水土流失。在稳定山体和改良土壤后，将选择先锋树种进行种植，包括树苗和直接种植。将种植乔木—灌木—草本植物混种，以增加植物多样性。乔木和灌木将以 1.5 m 的间距种植。乡土草种和地被植物将用来打造多样的景观，将柏树等耐瘠薄树种作为主要树种。植被恢复的核心技术在于树种的选择和植被的构成。

1. 品种筛选技术

土壤修复后，土壤中的养分含量或许达不到满足植物和植被的生长需要，因此可按照“先轻后重”的原则进行植被选择，利用豆科、菌根等易存活的植物在一定程度上增加土壤中的养分含量。树种选择应遵循“因地制宜，乔灌草立体配置”的原则，以保持矿区整体生态系统稳定的生物多样性。首先，种植应以草本植物为主。在选择草种时，应考虑当地的土壤和气候条件，选择易于生长、根系发达、茎短、叶片少、枝叶或茎密的多年生草种。将几种不同草的种子混合在一起，可以提高植被的成活率，有助于利用植被自身优点，形成结构合理的覆盖面。其次，在选择乔木和灌木时，应考虑其发达的根系、抗风性、抗旱性、抗病虫害性和耐久性。同时可适当选用花灌木，以丰富整个坡面景观。常用的植物有玫瑰刺、簕杜鹃、马尾松等。最后，物种选择应遵循“就地取材”原则。应先种植草本植物。在选择草本植物时，要考虑当地具体条件，寻找易于生长、根系发达、茎短、叶少、枝或茎较密的多年生草本植物。混播不同草种可以提高植被的成活率，有助于利用植被自身优点，形成结构合理植被方式。另外，应选择根系发达、抗风、抗旱、抗病虫害、寿命长的乔木和灌木。花灌木也可适当使用，以达到丰富景观的效果。常用的植物有玫瑰刺、簕杜鹃等。最后，在选择物种时遵循“就地取材”的原则。

2. 植被配置技术

所选物种将用于模拟自然群落的空间结构，并根据生态和经济规划以及空间规划目标，创建不同类型的植物群落。这些植物还将种植在适合其生长的地点。排土场、滑坡平台和边坡对植被的要求各不相同。排土场平台和塌方采石平台的植被设计应以建立高生产力和高质量的植物群落为目标，种植过程应分阶段进行。开垦或回填的土壤并不适合所有植物生长，因此可在种植初期种植绿肥，以增加土壤的养分含量，在中后期种植灌木、乔木、草或木本茎植物（果树、草本植物等），以改善未来的土壤质量。边坡修复的目的是防止土壤侵蚀和地质灾害（如滑坡或泥石流）。植被设计应避免与草地等浅根系物种混杂，应力求形成乔木—灌木—草的立体种植模式。

（三）边坡复垦技术

我国边坡修复的一般程序如下：首先是降坡，对边坡进行排水，然后采用水力喷洒、秸秆或干草覆盖、种植植物枝条、树桩插种、框格绿化、阶梯墙、穿孔砖（或砌块）等方式进行边坡防护。根据采用的不同施工方法，边坡修复技术可分为四类：喷播式修复、加固填土式修复、槽穴构筑式修复以及铺挂式修复。

1. 喷播式修复技术

喷播类修复技术是指先将锚杆、钢丝网放置于合适位置，然后按比例混合基质材料和种子，然后将其通过机械喷洒在斜坡上。该技术一般被用于稳定性较差或陡峭的岩质边坡。

(1) 厚层基材分层喷播技术

这项技术可用于45°～75°的岩石边坡。其主要程序是喷洒三层基材。由于材料的结构并不相同，三层喷射基材的厚度也不同。其中，靠近受损表面的底层通常喷射7～10 cm。中间层通常是一层多孔土壤混合物，一般情况下，喷射7 cm厚的砂浆、保水剂以及肥料等。外层喷射一层约5 cm厚的木纤维和植物种子。喷射完成后就为植被发芽创造了空间。

(2) 植被混凝土生态防护技术

植物混凝土生态保护技术是一种综合性环保技术，该技术适用于45°～85°的各类边坡。该技术通过使用一定比例的混凝土混合物和植物种苗成分，保护岩石边坡，提高边坡防护能力。植物混凝土生态保护技术的主要内容包括工程概况、植物品种选择、边坡清理、钻孔和安装锚固孔、放置和安装铁锌网、配置植物混凝土、高压喷洒和维护管理。

(3) 防冲刷基材生态护坡技术

该技术是一种改进的植被混凝土环保技术，可防止雨水径流，适合30°～50°的各类斜坡。它由三个功能层组成：基材层、加筋层和防冲刷层。基材层通常是沙子和土壤的混合物，再加上肥料和其他材料，旨在创造一个有利于植被生长的环境。加筋层由铁丝网和锚杆组成，用于在雨季稳定斜坡和防止土壤滑动。防冲刷层包括绿色植被带、生物膜或其他黏合剂，以防止斜坡受降雨影响时发生滑坡和其他事件。施工过程包括边坡修整、准备基层材料、铺设基层材料、铺设加筋层、混合植物、喷洒冲洗层、用无纺布材料覆盖以及避免阳光和水的照射。

(4) 喷混植生技术

又称有机基质喷洒技术，这是一种将种植材料、有机材料、复合肥料、保水材料、土壤结合材料、黏结剂、植物种子等干性材料用专用喷洒搅拌设备充分混合，然后用水喷洒到崖面上的新型快速坡面绿化技术。

(5) 客土喷播技术

在岩石斜坡上，几乎不存在促进植物生长的土壤因子，因此，客土喷播法的理念是人为创造一种“土壤”，为植物的生存和生长提供基本条件。客土喷播法是利用悬挂在坡面上的网布作为支撑材料，将土壤、有机质、黏结剂、肥料等原材料与种子充分混合，均匀地喷洒在坡面上，形成一定厚度的土层，为植物创造必要的生长条件，从而绿化和稳定坡面，使坡面能够被植物自然覆盖。应用客土撒播法的程序包括场地准备、削坡、开沟、锚固、固定种植带、安装铁丝网、注入基质、种植灌木和藤本植物、无纺布覆盖和管理维护。

（6）喷播复绿技术

采用特殊的喷洒技术，将土壤、有机物、水结合材料、黏合剂、种子等混合喷洒在岩石表面，然后在岩石表面形成喷洒层，形成稳定的结构，为植物生长发育创造条件的同时，稳定结构，从而确保草籽快速发芽成长。

2．加固填土式修复技术

用加固填土进行修复是一种护坡保护技术，包括使用混凝土网、挡土墙等加固措施，以及在斜坡表面铺设适合种植植被的土壤。

（1）框格梁填土护坡技术

该技术适用于坡度在30°～65°的各种斜坡，垂直高度超过10 m的土质斜坡，以及风化严重的斜坡。根据斜坡的地形，框架梁可分为两种类型：锚杆框架梁和锚索框架梁。用框架梁填充边坡以保护边坡的过程包括：准备材料和工具、平整斜坡、定位线和确定支柱顶部高度、处理和焊接带锚索的锚杆、对带锚索的锚杆进行防腐处理、绑扎钢筋、为槽形支柱开挖垂直沟槽、清除泥土和使用钻孔设备钻孔、成型和安装钢筋和锚杆、浇注垂直槽柱、安装钢缆、密封内侧和通风口、张紧锚杆和混凝土拱、开挖横向肋柱坑槽并浇砼、平整表面并修建斜坡直至与路基侧缘连接、沟槽的挖掘和浇注、表面平整、下坡施工直至与路基边坡连接。

（2）土工格室生态挡墙技术

土工格室是高密度聚乙烯材料经过高强力焊接加工而形成的具有网

状格室结构的用于防止滑坡、泥石流及受重力影响的混合式挡墙。因工程需要，有的在膜片上进行打孔。土工格室生态挡墙技术可用于各种类型的缓坡、高坡和陡坡，特别是难以用生态恢复的边坡，也用于水利、公路、铁路、城市开发等。其修复工艺与框格梁填土护坡技术雷同，可参考上文“框格梁填土护坡技术”的流程操作。

(3) 浆砌片石骨架植草护坡技术

这种方法适用于修复各种类型的稳定的斜坡和坡度在55°～80°陡峭的岩石斜坡。浆砌片石骨架植草护坡技术的主要工艺有边坡平整、人工挖孔、坐浆抛石、填石、勾缝或搓缝、坡面清理、种植和养护管理等。其中，浆砌片石的材料以沙、碎石和水泥为主，将其按一定比例混合；基坑为土质，砌筑骨架采用抛石坐浆法砌浆；勾缝一般采用平槽压浆法，宽度设置为15～20 mm，深度为10～15 mm，应使砂浆表面光滑、平整；砌筑完成后，应及时用草袋或土工布层覆盖，保持覆盖并经常浇水。

3. 槽穴构筑式修复技术

该技术包括安装边坡穴植设备，为斜坡提供各种养分，这些养分是斜坡上植物早期生长、建立稳定的植物群落和恢复斜坡生态环境所必需的。

(1) 燕巢法穴植护坡技术

对于斜坡或高陡边坡，尤其是在坡度起伏的岩石表面进行挖掘和填埋，可参照微地形，为植物生长创造良好环境。

(2) 板槽法绿化技术

这是一种在斜坡上种植的方法，包括人工放置种植槽盘，在其中种植乔木或爬藤植物。这种方法适用于岩石面陡峭的斜坡，加固斜坡上的悬崖，岩石斜坡以及坡度大于70°、表面光滑的斜坡。其主要工序是修整和加固斜坡，安装特殊的预制混凝土槽基础，钻孔、安装和加固种植槽，填土，种植乔木、灌木或爬藤植物。为安全起见，有必要在坡面大约45℃的角度锚孔，以便安装预制混凝土地基和建造种植槽。种植土必须由土壤、肥料、保水材料和泥炭组成，必须填满种植槽容积的3/4。

(3) 口型坑生境构筑技术

在坑内种植灌木、坑外种植草本植物的生态边坡开垦法适用于坡度小于50°的所有类型的边坡，一般来说，该技术常与其他生态边坡开垦法结合使用。

(4) 植生袋灌木生境构筑技术

网袋是尼龙编织袋（网袋），植生袋是网袋的延伸，其中添加了无纺布以盛放植物种子。使用植生袋营造灌木生境的方法适用于平坡、斜坡和陡坡，一般与框架修复方法相结合，以防止种子被暴风雨或浇灌造成水土流失。

(5) 植生槽技术

植生槽是指加工岩壁上的不平地形，以便植物生长。这种技术通常应用于高低不平的斜坡，先对起伏的斜坡进行改造，然后将营养丰富的土壤填入，种植藤蔓、灌木或乔木。这种技术成本低，便于养护。

4. 铺挂式修复技术

铺挂式修复指的是在边坡上直接建植生护网，为边坡植物的生长提供有利环境，以实现快速重新复绿。

(1) 铺草皮绿化技术

该技术可用于中低坡或陡峭的岩石坡。主要步骤如下：平整、绿化、定位、种草和养护管理。整平后的栽培土壤最小厚度为30 cm。

(2) 攀缘植物绿化技术

攀缘植物指的是能缠绕或依附在静止物体上向上生长的植物。攀缘植物绿化技术适用于具有良好整体性和稳定性的边坡，也适用于如公路、铁路和矿山建设等各类边坡，这些边坡的表层具有良好的稳定性。

(3) 挂笼砖绿化技术

该技术包括在砖床上压制一个砖坑，在砖坑中放入准备好的栽培基质和用于草籽或其他植物发芽的黏合剂；保留砖坑后，形成绿色草砖，将草砖装入分格均匀的过塑网笼砖内，形成绿色笼砖并固定在岩石坡面上，从而达到立竿见影的绿化效果。

（4）筑台拉网复绿技术

该技术多用于陡坡和开采面高的石壁，第一步在剖面上以 10～15 cm 的间隔插入钢棒，形成悬空，安装水平种植平台或特殊预制花盆，然后利用营养物质调节土壤，以便种植藤本植物、灌木和乔木树苗。

二、山地修复技术

矿区废地形成时间长，开采和储存过程容易破坏山体和生态环境，给人民生命健康带来危险。根据自然资源部的规定，从事煤矿开采的企业或个人有义务遵循“谁破损，谁修复”原则，对建矿以来废弃的矿区进行清理。废弃矿区的复垦主要有两个阶段：复原和生态恢复。在一些复垦过程中，由于应用不同，生态复垦工程只有一个阶段。废弃矿区的地表退化有煤矸石污染和占地、地表塌陷、裂缝、滑坡等。

（一）裂缝治理技术

宽度小于 20 mm 的裂缝不必进行特别修补，对损坏程度较轻的裂缝只需人工抹平或在发现时用土或石块填平，不需要采取机械措施；宽度大于 20 mm 的裂缝有坍塌的危险，有造成工人的人身安全的隐患，损坏程度较严重的，需要人工修复，辅以机械处理。首先将裂缝两侧的表土清除并就近堆放，然后就地取材填充裂缝，最后将表土回填，人工整平剥离土壤；对于宽度大于 300 mm 的裂缝，以机械处理技术为主，并加大填充用量，结合客土填充技术对裂缝进行填充。裂缝处理技术包括裂缝两侧表土清除与回填、裂缝附近土石方开挖、装运、裂缝回填、表土回填、土方整平等工序。

（二）塌陷坑治理技术

在矿区，地下采矿造成的坍塌很常见，塌陷程度也各不相同。对于小型塌陷坑，采用人工平整回填的方法即可；对于中型塌陷坑，可以挖掘附近的土石进行回填，回填材料的成本和数量决定了是否在此过程使用机械器材；对于大型塌陷坑，如果附近的土石不够，可以考虑远距离运输土石。对坍塌的基坑进行回填，应先用石块回填，然后再用土壤回填，以防止再次坍塌。

(三) 煤矸石污染治理技术

煤矸石中的无机成分主要包括：Si、Al、Ca、Mg、Fe和一些稀有金属，煤矸石长期露天储存或填埋会释放出 HCO^{3-}、Ca^{2+}、Mg^{2+}、Mn^{2+}等污染物，从而影响环境附近空气质量、水源和土壤。减少煤矸石对环境和人类的影响，可采用原位治理技术隔离煤炭与外部世界的接触，避免发生化合反应，控制污染物的传播。改良煤矸石，吸收有害元素，添加营养物质以促进动植物以及微生物的生长，从而实现煤矸石对生态环境的再造。具体方法见本书的“土地复垦技术”部分。

(四) 山坡整地及植被修复技术

山坡整地是对矿区废地现有地貌的改造，充分利用废地的原始地貌，结合植树造林技术，防止水土流失。如果该区域位于较陡坡面，大规模机械化施工将不适用。一般情况下会采用鱼鳞坑和反坡梯田技术，以提高蓄水保水能力，减少水土流失。与此同时，还可利用生态学原理与生态修复理论，修建土坎梯田和鱼鳞坑，以改善坡地。在高山陡坡上，整地以反坡梯田为基础，坡度向内倾斜。反坡梯田用于蓄水和保水，防止坡顶的水土流失，并在暴雨、冰雹等恶劣天气时安全地将梯田内的水排出；在山丘的中部和底部，用平滑的平坡梯田整地，在梯田上种植树木、灌木或草坪。如果坡度大于25°，通常会采用鱼鳞坑，从上到下在同一水平面上挖月牙形的坑，土丘边缘后面挖半圆形的土坑和碎石坑，以确保有足够的蓄水能力。在种植树木、灌木和草本植物时，应添加足够的土壤以稳定植物根系并绿化斜坡。根据不同斜坡的地形，采用不同的土地处理方式，在斜坡的上层、中层和下层形成立体的绿色植被结构。

(五) 滑坡与泥石流防治技术

对于矿业废弃地的滑坡、崩塌等地质灾害，我国目前主要采用工程防治法和植被防治法两种防治方法。工程防治法主要是利用机械设备搬运废弃物，修建护坡和挡土墙。这样可以有效防止土石滑动，稳定沟床和边坡，预防山体滑坡和泥石流等地质灾害发生。通常搬运矿区废弃物来填平塌方坑，修建护坡来逐渐加固斜坡，每隔一段距离修建一道挡土墙，以抵挡从滑坡中倾泻的固体，防止滑坡进一步加剧。植被防治技术包括在挡土墙或斜坡上种植乔木、灌木和草本植物，使受损坡面植被覆盖面积进一步扩大，从而减少地表径流，减少滑坡泥石流等地质灾害。

三、环境污染治理技术

煤矿在建设、开采、运输和处置过程中会对环境产生直接影响，开采过程中各个环节产生的粉尘、煤尘、烟气、废水和固体废弃物都会造成环境污染。常见的污染类型包括水污染、空气污染、危险废物污染和土壤污染。有关如何处理土壤污染的信息，请参阅本书“土壤处理技术”部分。

（一）水体污染防治技术

根据处理程度的不同，污水处理技术可分为一级处理、二级处理和三级处理。一级处理用于去除废水中的悬浮固体污染物，大多数物理处理方法只能满足一级处理的要求。废水经一级处理后，BOD 通常可去除 30%左右，但仍无法达到排放标准。二级处理用于去除废水中呈胶体和溶解状态有机污染物（BOD、COD），去除率可达 90%以上，经过二级处理有机污染物达到排放标准。三级处理是对可能导致水体富营养化的难降解有机物以及氮、磷等可溶性无机物的进一步处理。主要方法有生物脱氮除磷法、混凝沉淀法、砂率法、活性炭吸附法、离子交换法和电渗分析法，等等。

废水由污水泵通过过滤器或滤网导入沉砂池，在沉砂池中，废水与沙分离，并由污水泵提升进行一级处理（物理处理）。从初级沉砂池流出的污水被送往生物处理厂，在生物处理厂采用活性污泥和生物膜法两种处理方法，其中活性污泥法反应器有曝气池、氧化沟等，生物膜法包括生物滤池、生物转盘、生物接触、氧化法和生物流床法。三级处理包括生物脱氮除磷、混凝沉淀、砂滤、活性炭吸附、离子交换和电渗析。二级沉淀池的部分污泥返回一级沉淀池或生物处理厂，部分污泥返回污泥过滤池，进入污泥消化池，最后污泥经处理后循环使用。

(二) 大气污染治理技术

1. 脱硫技术

脱硫技术主要分为三大类：燃烧前、燃烧中和燃烧后。燃烧前脱硫主要与煤燃料的液化和气化以及洗煤有关。煤炭液化和气化是目前研究和开发的主题，因为它们更经济，工艺更简单，而洗煤则是作为一种辅助脱硫措施。在燃烧过程中以煤为主要燃料时，为了节约资源、降低成本、减少污染物排放，我国小型锅炉一般采用燃煤法。对于大型锅炉来说，一般在烟气燃烧后采用脱硫技术，这种技术对减少二氧化硫污染、控制酸雨形成有很大效果。烟气脱硫技术一般有联合脱硫和干法、半干法和湿法等。在烟气脱硫方法中，CDSI、喷雾干燥和石膏法较为常见，技术也较为先进。

2. 除尘技术

除尘技术主要包括生物纳膜抑尘技术、云雾抑尘技术及湿式收尘技术等关键技术。

(1) 生物纳膜抑尘技术

生物纳膜是一种双电离层膜，其层间距达到纳米级，能够最大限度地提高水分子的延展性，并具有很强的电荷吸附性。生物纳膜抑尘技术可用于物料表面，吸引和团聚细小的粉尘颗粒，使其聚合成大颗粒粉尘颗粒，增加其自重并沉降下来。

(2) 云雾抑尘技术

可利用高压离子雾化和超声波雾化产生超细干雾，使超细干雾与粉末颗粒的接触面积充分增大，水雾颗粒与粉末颗粒碰撞，最终结合形成团聚体，团聚体不断长大变质，直至自然沉降，从而达到消除粉尘的目的。

(3) 湿式收尘技术

通过压降来吸收附着粉尘的空气，粉尘在离心力和水与粉尘气体的混合作用下被除去，其独特的叶轮和其他重要设计可提高除尘效率。

3. 脱氮技术

氮氧化物控制技术包括减少氮氧化物排放和从大气中去除氮氧化物以及改进燃烧技术。通常情况下，可利用再生能源技术、烟道及炉内喷吸着剂技术、用 SCF 取出氮氧并对氮氧化物和硫化物进行联合脱除。在烟气脱氮方面，我国经过广泛研究，已经取得了一些进展和成果。一些锅炉已经安装了低氮氧化物燃烧器。我国产业结构开始向集约型结构转变，能源消费结构不断优化，氮氧化物排放问题逐年得到缓解。

(三) 危险废物处理技术

危险废物的处理和处置方法分为物理处理技术、化学处理技术、安全填埋技术、焚烧处置技术四大类。

1. 物理处理技术

物理处理技术主要指固化和稳定化技术，但也包括各种相分离技术。固化和稳定化工艺可将危险废物固定或封装在惰性固体基质中，使危险废物中的所有污染成分具有化学惰性或受到限制，并改善填埋场在运输、使用和处置方面的工程特性，同时降低废物的毒性和流动性。危险废物处理和稳定化是在垃圾填埋场安全处置危险废物之前的必要步骤，一般来说也是一种预处置处理。固化和稳定化工艺主要用于处理其他处理工艺产生的废物以及不适合焚烧或无机处理的废物。

2. 化学处理技术

化学处理是通过化学反应对危险废物有害成分进行处理，使其中和或转化为适合进一步处置的形式，尤其用于处理酸、碱、重金属、酸性气体、氰化物废物、氰化物、乳化油产品等无机废物。化学处理技术主要包括酸碱值控制技术、氧化还原电势电位控制技术和沉淀技术。

3. 安全填埋技术

安全填埋用于减少和消除废物的危害。在危险废物进入填埋场之前，必须根据不同废物的物理和化学性质进行预处理，包括使用不同的固化剂进行稳定和固化，以减少危险废物的泄漏。

4. 焚烧处置技术

焚烧是一种将可燃废物放入高温炉中，使可燃成分完全氧化分解的处理方法，是减量化处置危险废物最快捷、最有效的技术。焚烧技术能有效地破坏垃圾中有毒有害的有机成分，彻底消除病原体污染，破坏和分解有毒物质的化学结构，减小废物的体积，并可回收能源和副产品。焚烧后，城市固体废物的体积可减少 80%～95%。

第二节　景观再造技术

一、山顶生态采摘园景观再造技术模式

山顶生态采摘园景观再造技术模式是指在废弃矿区的基础上，利用矿区的地理优势，将其改造成生态采摘园的技术模式，这种方法的应用包括许多技术，如塌陷坑治理、生态园林设计、特色果树筛选栽植，以及矿井水灌溉等。

(一) 塌陷坑治理技术

控制坍塌的主要技术有：煤矸石充填技术、电厂粉煤灰充填技术、河湖淤泥填充技术、疏干法复垦技术、梯田法复垦技术和综合治理技术。废弃矿区坍塌坑的深度开发和使用应基于工程技术，坚持以生物技术及农业技术为重点的原则，立足于生态环境的根本治理和保护，通过各种技术手段的相互配合，共同发挥效益。

1. 煤矸石充填技术

煤矸石充填复垦主要有三种情况，即新排矸石充填复垦、预排矸石充填复垦、老矸石山充填复垦。新排矸石充填复垦技术中，利用矿井生产排矸系统将新产生的煤矸石直接倾倒到塌陷区，然后将覆土推下形成土地。预排矸石充填复垦技术主要用于建井和生产初期，此时采用的方

法是评估可能的下沉地区，并在下沉停止后覆盖土壤。其基本原理是：在修井和生产初期，预测坍塌区上方的地表会发生坍塌，根据预计坍塌等高线图，将周围的表土清除并堆放在下沉区周围，利用生产排矸设备提前清理地表，当下沉停止后，将矸石充填保持在预定水平，然后将堆放在下沉区四周的表土平推到矸石层上复土成田。老矸石山充填复垦是利用老矸石山堆存的矸石充填塌陷区的方式进行复垦。

2. 电厂粉煤灰充填技术

电厂粉煤灰充填技术是指根据煤矸石和粉煤灰充填煤矿塌陷坑的情况，制定合适的充填方案，通过工程技术措施，将废弃煤矸石和粉煤灰填入塌陷坑中的方法。具体方法是在实施治理方案的沉陷区建设贮灰场，利用管道将发电厂的灰渣输送到沉陷区的灰场。当贮灰场内的粉煤灰达到设计高度时，停止充填灰渣，同时将水排出，然后覆盖超过 0.3 m 厚的土层，该贮灰场即形成土地。除上述方法外还可采用预填法，即先在基坑周围的塌陷区铺设熟土层，然后将灰土运至基坑，最后回填基坑周围的熟土层。

3. 河湖淤泥填充技术

河湖淤泥填充技术的作用对象是靠近河湖的废弃矿区，该项技术是借助水下泥土实现填充。具体方法如下：将矿井煤矸石或矿区其他固体废弃物倾倒在塌陷区底部，利用管道水运将河湖水下泥土充填到煤矸石上，待地表泥层干涸后，用推土机平整土地，然后改良土壤，完善排灌系统，进行绿化和种植，最后还田。

4. 疏干法复垦技术

疏干法复垦技术针对的是塌陷后大部分地表仍高于附近河流和湖泊水位的塌陷区，采用这种方法不仅能将大部分塌陷地变为耕地，还能减少村庄和其他建筑物周围的积水，避免村民进行不必要的迁移，同时还能保护环境。具体方法是开挖大量排水渠，排干塌陷区积水，排水后对塌陷地加以必要的整修，使塌陷区不再积水，得以恢复利用。

5. 梯田法复垦技术

平整土地和改造成梯田两种复垦方法适用于边坡地带，既可以是潜水位较低的塌陷区也可以是积水塌陷区，具体复垦方法的确定要结合塌陷地下沉的具体情况。确定开垦过程中田地坡度的大小和方向时，应以田地不被侵蚀或淤塞为原则，并应充分考虑到地块内原有坡度的大小、灌溉条件、开垦土地的预期用途以及排洪和蓄洪能力等因素。梯坎高度和田地宽度的设计应考虑到坡度、土层厚度、项目规模、种植植物类型和耕作机械化程度等因素。

6. 综合治理技术

对塌陷区的复垦利用进行综合规划，因地制宜地实施各种改造措施，将塌陷区改造成农业、渔业、林业、工业与民用建筑等相结合的综合区域。用于文化娱乐等，综合治理技术旨在以较少投入取得较好土地使用效益。

(二) 生态采摘园设计技术

生态采摘园设计技术是指将矿山废弃地改造成为生态采摘园的修复技术，该项设计技术的关键是果树品种的选取及合理搭配、生态园林的设计和环境保护的实施。

生态采摘园的设计方案要基于该地区休闲旅游的修复目标。在选择果品的过程中，选取当地特色果品会增加采摘园的吸引力。在设计果园时，依据地形地貌和土质特点，构建小阶差的土坎梯田。可设计多种道路，同时为增强景观多样性，采用石块等作为护坡材料，以景观型水土保持措施作为辅助。在果园的设计过程中重要的一项是保水覆盖技术，保水覆盖技术通常应用在农林业中，能起到有效调节地表温度、保墒的作用，同时还能防止地表降水蒸发，是提高农产品产量及林业成活率的一种覆盖技术。根据覆盖物的不同，该技术可分为地膜覆盖、有机废弃物覆盖和粗砾石覆盖三种模式，根据覆盖区域可分为局部覆盖和全部覆盖两种模式。

（三）特色果树筛选栽植技术

特色果树筛选栽植技术的运用要综合考虑果树本身的生长情况、适应能力、栽植果树对周围环境的影响程度、果树与整个采摘园的搭配程度。果树的筛选要结合当地的特色果品进行选择，筛选栽植过程既要符合生态学的考虑也要符合园林规划的要求。

（四）矿井水灌溉利用技术

矿井水灌溉利用技术的应用包括矿井水处理技术，矿井水处理技术是指利用水处理相关设备，实现矿井污水的净化。处理过程：借助泵将矿井水提升到调节池进行沉降处理，利用行车式刮吸泥机将调节池底的沉降煤泥提升到污泥池中，实现煤泥的浓缩处理。

1. 混凝沉淀池

混凝沉淀池的功能是去除悬浮固体含量低的不稳定废水中的有机和无机污染物，通过混凝沉淀池的矿山废水可减少变色和浊度。此外，混凝沉淀还能去除污水中的一些溶解性物质，例如砷、汞、氮和磷等，这些物质会导致缓流水体富营养化。

2. 锰砂过滤器

锰砂过滤器的主要功能是降低水中的铁和锰含量。锰砂过滤器利用二氧化锰的氧化作用将二价铁离子氧化成三价铁离子，从而除去矿井水中的杂质离子。地下水中的铁以二价离子的状态存在，二价铁离子的存在，不仅会使水产生异样的外观和气味，还会污染离子交换树脂，导致交换能力降低。大量的二价铁离子经过长期存在会形成铁垢，影响传热，增加设备腐蚀风险。矿井水经过锰砂过滤器后，过滤器中的二氧化锰与二价铁离子发生氧化还原反应，将二价铁离子氧化为三价铁离子并最终生成 $Fe(OH)_3$ 沉淀，利用锰砂过滤器的反冲洗功能最终实现了杂质的去除。

3. 活性炭过滤器

活性炭过滤器中有粗石英砂垫层以及起吸附作用的活性炭，矿井水的净化采矿用水净化是通过石英砂垫层和活性炭吸附来实现的。在水质预处理系统中，活性炭过滤器能够吸附前级过滤未能吸附的余氯，吸附前级泄漏的小分子有机物等污染性杂质，能明显去除水中异味、胶体及色素等，这样能够有效防止后级反渗透膜被氯氧化分解，有效保护了设备。

4. 软水器

软水处理器是一种运行、操作过程由全自动化控制的离子交换器，该设备通过采用钠阳离子交换树脂，与钙镁离子作用，影响水的硬度，不仅降低原水的硬度，还能减少管道、容器中出现结垢现象，实现矿井水的净化。

5. 反渗透技术

反渗透（Reverse Osmosis，RO）是一种利用压力差进行膜分离和过滤的方法。RO反渗透膜孔径小至纳米级。该技术能得到应用是因为在一定压力下，水分子可以通过RO膜，而原水中的无机盐、重金属离子、有机物、胶体、细菌无法通过RO膜，从而实现矿井水通过反渗透膜后得到净化。反渗透技术也能区分纯水与浓缩水。

6. 紫外线消毒

紫外线消毒器筒体采用不锈钢板制成，依据国家卫生部门标准，该消毒器设置为低压30 W。因为235.7 nm波长的紫外线杀菌率最高，杀菌率可达到98%，故紫外线消毒器采用该谱线，消毒器筒体连续使用寿命可达3 000 h以上。

二、山坡梯田林果景观再造技术模式

山坡梯田林果景观再造技术模式包括塌陷坑治理技术、坡地整地技术、梯田植被修复技术、植物选栽技术、矿井水灌溉利用技术等，其中塌陷坑治理技术、矿井水灌溉利用技术与山顶生态采摘园景观再造技术模式相同。

（一）坡地整地技术

植苗或者播种前，造林地上留存着不利于造林的地被物或者采伐剩余物，为了蓄水保墒，提高造林成活率，促进林木生长而进行的局部或全面翻松土壤措施即称为整地，整地包括坡地整地、穴状整地、带状整地三种。以下主要介绍穴状、带状整地技术。

穴状整地技术采用圆形或方形穴坑，整地规格要综合考虑树种和立地条件。原则上，种植穴应不小于 0.5 m^3，当场地土层较薄或无土层时，为了促进灌草生长，穴间空地应覆土 0.2 m 以上。

坡度小于 25°、立地条件较好的地块适用带状整地技术。在丘陵地区，整地应沿等高线进行，整地形式包括水平台阶、水平沟、反坡梯田等，对于带状整地规格要求带宽大于 0.6 m，深度大于 0.4 m，每隔一定距离应保留长度为 0.5～1.0 m 的自然植被，整地的具体带长依据地形确定。

（二）梯田植被修复技术

植被修复技术是运用生态学原理，对被破坏的植被进行人工修复，达到植被修复的目的。该项技术充分利用采煤废弃地原有地貌，在此基础上重塑景观，通过修复或者重建被破坏的森林以及其他自然生态系统，达到恢复其生物多样性、完善生态系统功能及缓解水土流失的目的。

植被修复技术的具体方法如下：待山体稳定和土壤改良后，采用幼苗栽植或者直播两种方式栽植先锋树种，然后依据“乔灌草”的植物配置模式栽种其他植物，以增加植被多样性。“乔灌草”搭配中，乔木和灌木的种植间距以 1.5 m 为宜，林下空间布置乡土草种、地被以丰富景观层次，主要的树种有侧柏等耐瘠薄树种。

修筑土坎梯田最好采用鱼鳞坑的形式，这种方式的修复效果更好。随着海拔升高，山坡地形坡度逐渐变大。山体中下部坡度较缓，主要采取修筑平坡梯田的措施，将田面宽度在 8 m 以上的较大面积果园作为建设用地。山的中上部较陡的部分可建设小片果园，暴雨时节过多的径流可由梯田内侧安全排走。在较陡的坡面、沟坡上采用鱼鳞坑的方式，沿等高线自上而下挖半月形坑，将这些坑池按“品”字形排列，挖坑取出的土培在外沿筑成半圆梗来增加蓄水量，坑内填回适量表土种植花草灌木以重塑景观。

（三）植物选栽技术

植物选栽技术包括基本植物选栽技术、特色果树选栽技术，其中基本植物选栽技术包括植物选择与配置技术、种植业技术、植物品种筛选技术三部分。在基本植物的选栽上，要优先考虑本地的适宜植物品种；在特色果树的选栽上，要优先选择当地特色果品。

植物选择与配置技术包括植被调查、植被筛选两部分，通过实施植被调查，研究试验区植被恢复现状，调查过程中在试验区设置不同的植物种类，并且改变植物种植的密度、覆盖度等，从而总结出该地区的优势物种，并且得到该地区的主要群丛类型，选出调查地区适宜种植的植物。

种植业技术是通过恢复渠道、清理和平整耕地、建立田埂和筑坝等方法，对塌陷区进行改造，以恢复植被；还可以在塌陷区修建水池，增加灌溉面积，改变原有的耕作制度，调整作物种植位置。

植物品种筛选技术是在考虑增加植物多样性、植物抗性的基础上，研究分析试验区的土壤质地和水土流失规律，结合试验区周边植被分布的调查结果，进行抗性强的乔、灌木以及草本植物的筛选实验，找出适应性强的植物，选择适宜该地区的植被类型。

三、沟谷水保景观再造技术模式

沟谷水保景观再造技术模式主要包括护坡工程技术、挡土墙工程技术和植被覆盖技术等多种技术。

（一）护坡工程技术

边坡防护技术是指采用生态植生毯对坡面进行防护的技术。生态植生毯由麦秸秆、稻草、草种及营养剂等制成，有护坡作用，还能储存水分、活化土壤。制作植生毯的材料是生态环保材料，可降解，因此采用这项技术实施护坡对自然影响小，而且维护成本低。

(二) 挡土墙工程技术

挡土墙是一种支撑路基填土或山坡土体，防止路面或土壤变形和失稳的结构。在挡土墙的横截面上，与被支撑土壤直接接触的部分称为墙背，与墙背相对的部分称为墙面，墙的上表面称为墙顶，与地基直接接触的部分称为地基，地基的前后分别称为墙趾、墙踵。根据挡土墙的位置差异，可将其分为路肩墙、路堤墙、路堑墙和山坡墙四类。挡土墙工程技术包括基槽挖土方、地基处理等多个部分。

1. 基槽挖土方

基槽开挖采用挖掘机和人工两种方式，相互配合开展挖掘工作，挖基与墙体施工分段进行，初步测量放线，定出开挖中心线、边线、起点和终点，设置桩号，标明开挖高度和深度，挖掘机开挖，多余土方用卡车运输。施工过程中，注意排水沟排水的实际需要，保证工作面干燥，基底不被淹没。

2. 地基处理、碎石垫层施工

在处理地基的过程中，挖基时若发现有淤泥层或软土层，需进行换土处理。碎石垫层的施工应根据钢筋砼挡土墙的设计图纸进行，在基底上回填 20 cm 厚的碎石，并使用打夯机压实土壤，以提高基底的摩擦系数。基础垫层使用 10 cm 厚的 C10 砼垫层。

3. 钢筋安装

对于浇筑到地下的钢筋地基，地基钢筋和竖向钢筋需要提前安装，然后在基础浇筑砼完毕且达到 2.5 MPa 后再安装墙体钢筋。预制钢筋砼挡土墙的地基加固分两个阶段安装。第一次安装底层钢筋使地基达到一定强度，第二次地基钢筋是在预制墙安装后安装的。

4. 现浇砼基础

将挡土墙的长度分成几段，一次浇注整段，在垫层表面测量并画线，然后立模浇注。

5. 现浇墙身砼

现浇钢筋砼挡土墙与基础的结合面应按施工缝处理，先将砼松散部分和多余的泥浆凿除并用水清洗干净，然后进行凿毛处理，再搭设墙体模板。开始浇筑砼时，应在结合面上刷一层水泥浆或涂抹一层 2～3 cm 的 1∶2 水泥砂浆，刷完水泥浆后再浇筑墙体砼。

6. 伸缩缝、沉降缝及泄水孔的处理

现浇灌钢筋砼挡土墙的伸缩缝从墙顶至墙基底沿墙的内、外、上边缘均为 2 cm 宽，并用 15 cm 的沥青麻丝填充。挡土墙排水孔采用直径 10 cm 的硬质空心管，进水口周围的排水孔采用 50 cm×50 cm×50 cm 的碎石，碎石外包土工布，进水口下部排水孔底部填充厚层黏土并将其夯实。

四、矸石山景观再造技术模式

矸石山景观再造技术模式主要包括矸石山污染治理技术、矸石山整地技术、矸石山植被修复技术、松散堆积体压实技术、松散堆积物资源化利用技术、绿化技术等。

(一) 矸石山污染治理技术

矸石山污染治理技术包括原位治理技术与基质改良技术。原位治理技术可治理矸石山引起的污染，其主要原理是将煤矸石与外界隔离，防止污染物扩散引起环境污染。同时利用基质改良技术，改良基质创造利于植物生长的条件。原位治理技术包括污泥法、粉煤灰法、客土覆盖法或配土法、微生物法、绿肥法、灌溉法、施肥法等。上述方法用于改善矸石山地表成分的物理结构，减少垃圾中的空隙，提高保水性和持水能力，增加有机质含量，增加作物生产和土壤微生物所需的氮和磷。

(二) 矸石山整地技术

矸石山整地是矸石山绿化管理的重要步骤，根据地形类型，矸石山整地可分为三种形式，即梯田式、螺旋式和阶梯式。为满足矸石山整地过程中运输上山的要求，可修建螺旋形、“之”字形、直台阶等上下或从山脚到山顶的道路。由于矸石山的坡度大，容易造成地表物质的侵蚀，导致水土流失，所以在整地过程中，应考虑设计较完善的排水系统。

整地自上而下进行，主要采用局部整地方式，分为带状整地和块状整地两种。带状整地主要采用带倾斜角的反坡梯田形式。块状整地有穴状和鱼鳞坑两种。其中鱼鳞整地的形式多用于较干旱地区的坡地和需要蓄水和水土保持的石质山丘。鱼鳞坑是外高内低，形状近似半月形的穴坑，长径一般保持在 0.6～1.0 m 的范围内，沿等高线方向展开。短径略小于长径，鱼鳞坑的深度要求在 0.5 m 以上。出现山地陡坡、水蚀和风蚀严重等情况的地带适用穴状整地，穴状整地采用圆形或方形穴坑，依据树种和立地条件确定规格。

（三）矸石山植被修复技术

植被修复过程涉及植被物种的选择。植物种类的选择应因地制宜、多样化，植被设置要辅以乔灌草混合的配置模式，以增加植物生态系统的多样性和层次结构，最终达到改善生态环境和调节生态的功能。植被修复技术的应用具体是在山体稳定和土壤改良之后，先选择先锋树种进行栽植，栽植的方式可以选择带土球移植或穴植两种方式。鉴于矸石山环境的显著特点是干旱、缺水、贫瘠，因此采用植苗根部带土球栽植方法更有利，可以提高植物成活率。灌木和草可以成排进行种植，并按 1∶2 的比例种植在带状和灌木中。

种植乔灌草时可以将行距设置为 2～3 m，采用乔灌行数 1∶1 的方式，并且同时与播撒草籽相结合，形成错落有致的群落种植形式。除上述可选择植被以外，在选择物种时可考虑矸石堆上的本土野生植物。在乔灌绿化时间的选择上，早春与晚秋时期是植被休眠期，在此期间栽植有利于成活，除此外还要注意栽植后的灌溉和保育。

在确定植被物种之后，需采用绿化技术实现对矸石山的修复。绿化技术包括一般绿化方法、三维网植被恢复法、植生袋法、堆土袋法等多种方法。

1. 一般绿化方法

一般绿化方法包括苗木处理、植苗造林等方式，苗木处理是指在造林前根据树种、苗木特点和土壤情况，对苗木进行剪梢、截干、修根、修枝、剪叶等处理，也可使用促根剂、蒸腾抑制剂等新技术处理苗木。植苗造林方法适用于破损山体植被恢复过程，造林要坚持分层踩实的原则，深浅适当。

2. 三维网植被恢复法

三维网又称固土网垫，以热塑性树脂为原料，经基础、拉伸等工序形成上下两层网络经纬线交错黏结排布，立体拱形隆起的三维结构，具有很好的适应坡面变化的黏附性能。在对坡面进行细致平整后进行铺网，裁剪长度应比坡面长 1.3 m，使网尽量与坡面贴附紧实，网间重叠搭接 0.1 m，采用 U 形钉子在坡面上固定三维网，之后在上部网包层填改良土并洒水浸润，最后采用人工播撒或液压喷播灌、草种子的方式。

3. 植生袋法

植生袋法主要用于废弃矿区松散堆积体裸露坡面水土流失严重的情况，这项技术包括以不同方式将生态袋放置在地面上，例如，废弃矿山废料堆的露天坡面上。从而实现快速恢复植被。生态袋是在工厂采用自动化的机械设备将种子准确、均匀地分布并固定在生态袋内层，内部可添加保水剂、秸秆、有机肥等添加剂。用生态袋修复的边坡具有更强的防雨水渗透能力，同时生态袋还能提供一定量的水、肥料和其他有利于植物生长的条件。

4. 堆土袋法

堆土袋法是指用装土的草袋子沿坡面向上堆置，草袋间撒入草籽以及灌木种子，然后覆土，依靠自然飘落的草本种子繁殖野生植物。

(四) 松散堆积体压实技术

松散堆积体压实技术是指借助不同规格的机械压实设备，对松散堆积体地表进行不同厚度、次数的击实或压实的技术。该技术的主要原理是：不同的压实操作会产生不同程度的压实效果，并改变堆积体的物理特性，如改变废物的密度、含水量和孔隙度，可将这一生态系统转化为适合植物生长的土壤结构。

（五）松散堆积物资源化利用技术

松散堆积物利用技术包括两部分：种植土和散装堆肥的配比技术，以及矿化垃圾、风干污水污泥和松散堆积物配比技术。由于开采矿区的过程中破坏了原有的土壤地表结构，土壤结构破坏严重，并且开采后形成的松散堆积物营养成分比较低，因此开采区自然恢复难度大。松散堆积物资源化利用技术就是通过改变基质配比来进行植物生长试验，筛选得到适宜植物生长的配比并且筛选出适生植物，通过研究抗旱松散堆积物造林、种植土造林以及松散堆积物与改良基质结合造林的效果，实现废弃松散堆积物和废弃有机质等资源的高效利用，提高土壤肥力，加快矿区造林进度。

五、文化主题公园景观再造技术模式

文化主题公园景观再造技术模式是以景观美化设计技术为基础，将矿井水开发利用技术、观赏植被栽植技术、边坡护理技术、边坡降坡处理技术等集成在一起的景观再造模式。

（一）景观美化设计技术

景观美化设计技术是指通过资料收集、数据分析、空间模拟、对比等方法，分析并设计改造废弃矿区景观、美化设计景观的技术，建立在景观生态学、风景园林学、环境行为心理学、生态恢复学以及工程学等学科理论上。

（二）矿井水开发利用技术

废弃矿井水的开发利用是文化主题公园景观再造技术模式的重要部分，净化后的矿井水可用作灌溉和景观用水，综合利用价值较高。灌溉水开发利用技术的原理是：在水源地附近建蓄水池，主要功能是收集沉淀矿泉水，或在园林中建蓄水池，利用水泵和一级供水系统吸入矿井水。在山地地形复杂的情况下，主要采用多级引水系统来满足灌溉需要，这在技术上需要多个泵站在各自的管道中负责二次引水，并在每个地块上修建蓄水池，储存引来的上层水用于灌溉。景观区水的开发利用原则是设置二级沉淀池，将矿井水排放到景区，经沉淀处理后的矿井水可用于景观区湿地和植被灌溉。生活用水处理和使用的技术原理是将矿井水排入沉淀池，加入絮凝剂沉淀污染物，经过过滤、软化、反渗透、消毒等多道工序，最终达到适合使用的矿井水。

（三）观赏植被栽植技术

在栽植植被的过程中，要遵循体现栽植区域特点、依据相应功能原理、满足艺术设计规范等要求相结合的原则。在植被栽植过程中立足于栽植区域特点，以风景园林项目所在区域的实际环境为基础，管控水以及土壤的湿度，以当地的环境条件为基础，确保栽植植物能适应园区环境，合理选择要栽植的植物。依据功能原理应用栽植技术，要求设计人员在设计过程中要考虑项目的经济生产问题，并且要衡量环境美化等各种功能问题。建设过程要满足艺术设计规范要求，在栽植过程中，要遵循各类美学原则，即在植物对比度、布局调整、植物色调、亮度组合等因素的设置上要合理安排。

（四）边坡养护技术

高边坡的加固可以采用抗滑桩、锚杆、格构加固、喷锚网支护和注浆加固等方案，最常见的方法包括削坡卸荷、压坡脚、坡面防护、抗滑桩、锚杆、预应力锚索、锚固洞、排水、挡土墙、综合加固方法等。除上述方法外，还有两种新的边坡加固技术，即预应力锚梁和预应力抗滑桩，这两种新技术都能有效防止边坡滑落。其中，预应力锚梁技术采用中空设计，在实施过程中，根据地质条件可将边坡分为重点加固段和一般加固段，并对重点加固段进行专门设计，以确保预应力桥梁具有一定的抗拉能力，并在此基础上重新设计监测和排水系统。

预应力抗滑桩技术综合运用了垂直钻孔的倾斜监测、桩顶位移监测、通过预钻孔观测桩身裂缝等多种技术。它充分利用了预应力混凝土的抗拉能力，用预应力柱代替抗滑桩受拉侧的钢筋，实现滑动面附近的重点加固，并可清除中性面附近残留的混凝土，这是垂直的中空设计的成果，它采用垂直空心结构，在提高加固效率的同时节省了混凝土。

(五) 边坡降坡处理技术

破损山体边坡的显著特点是坡度大、土层薄、稳定性差，因此在生态治理过程中要进行降坡处理，降坡处理主要有削坡、边坡加固和边坡排水工程三种技术。

1. 削坡技术

根据削坡后边坡的形状，可将削坡类型分为阶梯形边坡、折线形边坡、直线形边坡等。当边坡与周围自然景观不协调、现有条件无法满足稳定和植被恢复要求时，应该进行削坡处理。稳定边坡可根据实际地质情况，钻孔客土、建造植生槽和使用其他方法为恢复植被创造条件，以防止大规模削坡改建造成二次环境破坏。

2. 边坡加固技术

边坡加固技术适用于削坡工程量大、仅采用削坡法不能有效改善边坡稳定性等情况，边坡加固后应达到稳固状态，工程设计时要结合当地降水条件、土壤类型和植被覆盖情况，并且做到与周围自然景观相协调。

3. 边坡排水工程

边坡排水可以通过在坡顶修建截水沟和垂直排水渠来实现。操作方法是在汇水量较大的坡顶和斜坡表面修建截水沟和排水沟，将斜坡顶部的径流引向下方，减少降水对斜坡表面的冲刷。排水沟断面应能安全地分流洪水，并尽可能将排水系统与环境治理区连接起来。修复大平台或阶梯边坡时，如果存在土质边坡或坡底有耕地时，设计排水工程时要将台面微向内倾斜，沿内侧边线挖排水沟排水。

六、湿地公园景观再造技术模式

人工湿地模式被用于管理废弃矿区，首先要确保该地区水系的畅通，通过挖掘，将不同大小和形状的水系组合成一个中央大水面。其次，要对废水进行处理，修建废水沉淀池，关闭向尾矿库输送废水的管网，将塌陷区的废水引到能够吸收和减少污染的水库中，利用水库中的湿地植物分解有毒有害物质。最后，利用人工手段引进本地湿地动植物，增加湿地的生物多样性。人工湿地方式的改造过程涉及人工水体技术、综合改造技术、挖深垫浅复垦技术等多种技术。

（一）人工水体技术

人工湿地主要由填料、植物、微生物、藻类组成，填料可起到过滤和承载植物的作用，植物的生长会消耗大量的有机污染物，产生氧气促进填料中微生物的生长，微生物的存在可以降低污水中的有机物含量，藻类可直接反映污水水质的变化情况。对于水面面积较大、积水较深或潜水位较高的塌陷区，将其改造成水生生态系统，如水产养殖池塘或人工湿地，以提供生态多样性，增加物种多样性，并为亲水、观赏和娱乐用途创造开放空间。可在 1 m 以上的水域种植沉水植物，以改善水质。如果淹没区的水较深（超过 3 m），而且地形坡度没有逐渐变化，则淹没区水生植物种植难度大，可以将其建设成养殖塘进行渔业养殖。为确保水环境的多样性，人工湿地沿岸应遵循起伏曲折的设计原则，并设计一些水生动物栖息地或静止水域，也可设计岛屿以增加水中的生物多样性。

（二）综合改造技术

已沉陷稳定的塌陷区可以作为建设用地，经过疏浚和充填复垦之后，在疏浚、回填和复垦后实现全面的景观恢复。可以通过在弃土堆上回填废料、覆土和种植植物来美化环境。通过在边坡山上堆山造景，将沉陷形成的零散水坑与水面连通，整合水系，形成湿地景观。整体建设依据地质特点，以自然生态景观为主，减少人工构筑物。

（三）挖深垫浅复垦技术

挖深垫浅复垦有大型矿坑的土地，使其适合养鱼或蓄水灌溉，并利用挖掘出的泥土加高开采下沉地区，使其形成稻田或旱地。这种复垦技术投资少、操作简单、效益高、成本低。

七、矿山博物馆景观再造技术模式

可以将基础设施相对完善的废弃矿区改造成矿山博物馆，向游客展示矿产开采和运输的作业流程，并通过这种方式来模拟有关地下水、煤层、地质构造和瓦斯的形成和发展方面的矿业知识，以及再现矿井地质灾害的过程和地质灾害造成的后果。矿山博物馆景观再造技术主要包括矿山博物馆选址技术和矿山博物馆设计技术。

（一）矿山博物馆选址技术

博物馆的选址要考虑到辐射半径的问题，博物馆的选址要与其他景点相结合，辐射半径要足够大，从而能够保证一定的游客来源，同时，选址要保证博物馆所在地的可达性，交通便利。为了兼顾安全问题，所选馆址必须具有稳定的煤层地质条件，无有毒气体，稳定的地面布局和可靠的地下支护结构等。

（二）矿山博物馆设计技术

矿业博物馆的设计工作分为两部分，即地上和地下部分。地上部分包括道路拓宽、矿山博物馆展馆设计、矿山设备展示、各种煤炭产品展、下井塔楼五个部分。矿山博物馆展示楼包括老式火车头等，采掘设备展示包括钻井、立井架、采煤设备、掘进设备、建井设备、运输设备等。井下部分包括地下隧道、隧道内布置的掘进工作面和采煤工作面设计等。

第五章

绿色基础设施与矿区再生设计

第一节　废弃矿区再生为绿色基础设施的可行性

一、宏观层面可行性研究

(一) 宏观层面绿色基础设施的界定

绿色基础设施规划设计的宏观层面具体可分为国家级和跨行政区两种。国家级绿色基础设施包括国家公园、自然保护区、绿道、自行车网络、河道、文化遗产等；跨行政区区域绿色基础设施包括大规模的公共公园、自然保护区、河流廊道、文化休闲路线、重要海岸线等。

(二) 实施层面的可行性

1. 国家公园体系

国家公园是国家级绿色基础设施网络的重要组成部分。我国的国家公园体系主要包括国家自然保护区、国家重点风景名胜区、国家森林公园、国家湿地公园、国家地质公园、国家矿山公园。国家公园具备公益性、国家主导性和科学性的特点，既能够为公众提供游憩空间，进行科普教育，还具备保护生物多样性、维持生态平衡等生态功能。国家公园体系纳入绿色基础设施网络后，可成为绿色基础设施网络中的枢纽，协同其他类型的绿色基础设施类型如国家绿道、河流廊道等，发挥国家生命支撑系统的功能。

其中，国家矿山公园是国家公园的重要组成部分，国家矿山公园同样可以成为国家绿色基础设施网络中的枢纽，发挥生态、游憩及文化方面的功能。建设矿山公园成为废弃矿区生态修复的重要手段，对矿山废弃地的生态修复、环境治理及景观更新有着重要的意义。具备较高价值、较大影响力的矿业遗迹的废弃矿区，可以申报建设成为国家矿山公园。

2. 构建城乡生态网络

传统的城镇化重视城市建设，忽视生态保护，使人们越来越远离自然。绿色基础设施的目的是恢复人与自然的关系，尊重生态过程和自然规律，强调自然环境的“生命支撑”功能。绿色基础设施是一个系统，它将城市、乡村、社区不同的生态用地，包括公园、自然、人工绿地、湿地等串联起来，形成城乡一体化的绿色网络，绿色基础设施可以为新城市的城乡发展提供生态系统功能，并成为城乡连续的乡土生境和人文生态保护网络。绿色基础设施在城乡生态建设中发挥着重要作用，特别是在社会、经济和生态价值方面。社会价值包括环境教育和身心健康的提高等，经济价值包括降低环境管理成本和减少基础设施投资，环境价值包括维护生态多样性、改善空气、水、土壤的质量等。

城市边缘区及周边乡村地区的废弃矿区，可以成为城乡绿色基础设施网络中的枢纽或廊道，发挥生态服务功能。如大城市周边往往存在大量的废弃采石场，这些废弃采石场经过生态修复和景观再生，可以改造成为郊野公园、农业生态园等，成为城市与乡村缓冲带上的城乡绿色基础设施网络中的节点或是廊道，促进城市与乡村之间交流和联系，推动城乡的协同发展。

二、城市尺度可行性研究

（一）城市尺度绿色基础设施的界定

城市尺度的绿色基础设施即中观尺度绿色基础设施，它是指城市行政区域范围内的城市滨水区与河道岸带、城市绿色廊道、城市绿色斑块等人工设施，以及城市内的森林、河道、荒野、湖泊、沼泽等自然生态设施。城市内的人工生态设施和自然生态设施相互交错，共同构成城市生态基础设施庞大的网络体系，为城市的绿色、健康、生态、可持续发展发挥作用。

（二）城市两类基础设施协同发展

1. 灰色基础设施功能单一化

灰色基础设施是常见的为城市发展提供服务的工程性和功能性设施，它主要包括道路、桥梁、管道、电网等保证城市经济正常运转的公共设施所组成的网络体。灰色基础设施属于专项投资，功能设计单一，如道路和桥梁设计是以满足汽车的运输功能为导向，排水管道建设是为了解决城市雨水和污水的排放问题，河道江堤等设计是为了城市防洪和城市安全等。灰色基础设施是为达到某一单独目的而设计的，它与城市开放空间是相互隔离的，如交通设施由于其自身的特性，强行采取人为措施将其封闭，往往成为城市公共空间的禁区。城市灰色基础设施仅仅注重了其功能性和服务性，而削弱了其社会效益和生态效益，因此，面对我国用地紧张、城市环境破坏等问题，如何改变灰色基础设施功能单一化的现状显得十分必要。

2. 绿色基础设施的多样化特性

绿色基础设施与灰色基础设施相比，具有层面多样化、类型多样化和功能多样化等特征。从层面上看，包括宏观层面、中观层面和微观层面的绿色基础设施，宏观的大规模的绿色基础设施能够对整个区域乃至全国、全世界产生重要的影响；中观层面的城市绿色基础设施，为特定的城市或城市的某一片区服务；微观层面的社区绿色基础设施，为某一特定的功能分区服务。从类型上看，绿色基础设施既包括山、水、农、林、河、湖等自然景观，也包括湿地公园、城市公园、道路绿化等人文景观，这两类景观并不是孤立的，而是相互渗透和连接，形成庞大的绿色基础设施网络体系。从功能上看，与灰色基础设施单一的服务功能不同，它具有多种功能，一方面为城市居民提供观赏、游憩、休闲、科普的场所；另一方面为野生动物提供栖息地和迁徙的通道；更为重要的是，还具有净化空气、美化环境、缓解城市热岛效应和洪涝灾害等功能。

（三）废弃矿区成为两者融合的切入点

城市灰色基础设施和绿色基础设施的融合就是实现道路、桥梁、管道、线路等市政基础设施与绿地、广场、公园等绿色基础设施协同整合与建设。基于绿色基础设施多样化的特性，废弃矿区再生过程中可以充分结合这些特性，将废弃矿区改造与城市两大基础设施建设统一起来，将单一功能的市政工程融入更加综合的城市公共体系之中，使废弃矿区成为两类基础设施融合的切入点，从而实现两者的高度统一和废弃矿区的生态化再生。例如，城市周边采煤塌陷区可改造成湿地公园，在暴雨期间调节城市雨水，并成为城市供水和污水处理系统的组成部分。废弃矿区可以改造成开敞空间作为城市紧急避难所，成为城市防灾体系的组成；废弃矿区也可改造成生态用地，成为城市的绿肺。

三、场地尺度可行性研究

（一）场地尺度绿色基础设施的界定

场地作为绿色基础设施体系中的生态节点，对大型的区域和绿色廊道的联通起到了一定的维系作用，是微观层面的绿色基础设施构成要素。场地作为绿色基础设施规模面积最小、层级最为基础的有机组成部分，对生态系统的保护和人民的健康生活都起到了至关重要的作用，是场地范围内与灰色基础设施相对的绿色网络节点。

（二）场地尺度废弃矿区的可行性分析

废弃矿区是一种经过人工干预后严重退化的生态系统，对周围环境带来较大的负面影响，运用绿色基础设施的理念和方法，分析场地尺度废弃矿区再生为绿色基础设施的可行性。

1. 自然导向和“海绵”理念下的场地重构

废弃矿区蕴含着自然过程之美。矿区历经繁荣到衰退、资源丰富到枯竭、生态系统由健康到损害等一系列动态过程，体现出地方工业文明衰败后一种独特的荒凉之感。这些都成为设计灵感的源泉。此外，采矿活动产生了大量矿坑，形成了为数众多的天然海绵体，成为调蓄雨水的绿色基础设施。

2. 地域文化挖掘与大地艺术方法的运用

部分废弃矿区开采历史悠久，工业遗存较多，矿冶特色鲜明。在保护矿冶遗迹、修复生态环境的基础上，充分挖掘地域文化，再生为游客或市民活动的场所。如采矿活动塑造了废弃矿区独特的地貌特征，在生态和工程治理的基础上，可形成极具特色的户外运用场所。此外，大地艺术在大自然中创造出来，它可以增强环境感染力，改善矿区景观质量，在矿山挖掘、矿业遗迹再利用和受损地表修复等方面发挥重要作用，是设计废弃矿区重建的有效手段。

3. *矿区聚落绿色基础设施构建*

矿区聚落是矿区的主要组成部分，由于矿产资源开发而兴起，矿业职工及其家属为居民主体，是经济社会功能相对独立的区域。相对于生产区，矿区聚落是矿区居民生活的主要场所，其绿色基础设施构建与居民生活密切相关，其绿色基础设施构建主要从聚落风貌、公共空间以及植物等方面开展。

第二节　构建绿色基础设施的方法

一、建立绿色基础设施为先导的主动性

工业文明在创造了巨大的物质财富的同时，对生态环境的破坏也非常严重，已经危及人类的生存发展。因此，人类必须探寻可持续地利用自然资源的方式。在此背景下，基于绿色基础设施在提升城市形象、营造宜居环境、修复废弃地、保持生态系统平衡等方面作用明显，与道路、电、水等灰色基础设施一样是城市的重要支持系统，成为重新组织城市发展空间的重要手段。绿色基础设施要探求生态环境保护与社会经济发展之间的平衡，在规划过程中，会根据实际情况从整体战略角度出发，以牺牲某些局部利益为代价，获取整体利益。包括废弃矿区在内的废弃地，是绿色基础设施和城市建设用地的重要增量。由于利益等因素的驱动，大量废弃地转变为城市建设用地，使得绿色基础设施网络体系构建困难重重。因此要建立绿色基础设施为先导的主动性规划设计，特别是位于重要控制点和连接通道的废弃地应优先修复为绿色基础设施。

因此，要研究该地区的自然演进过程，建立绿色基础设施为先导的

城市空间格局，确定必须保护的要素和禁建区，进而明确可建设区域，进行适度的开发建设。

二、建立生态和环境保护体系

（一）保护生态敏感区

绿色基础设施构建的重要目标是保护自然环境，特别是要保护生态敏感区。生态敏感区指对地区总的生态环境起关键作用的生态实体及要素，这些要素及实体抗干扰能力较强，其生长、发育、保护的程度对地区生态环境状况有着重要影响。生态敏感区是地区生态环境综合整治的重要区域，对于促进地区生态系统可持续发展有着重要意义。它对城镇体系框架的构建有着重要作用，约束着城市的发展方向、规模、用地结构和布局。生态敏感区通常是环境潜力大、生物栖息适宜性高的地区，可保障地区生态安全和生态稳定。依据景观生态学的原理，大型斑块能够承载更多的物种，小斑块则可能成为某些物种逃避天敌的避难地，同时也具有跳板的作用。因此，在构建绿色基础设施时要把这些需要保护的、生态敏感性强的地带纳入绿色基础设施网络体系，考虑其位置、形状、数量、尺度等要素，并确保其具备一定的面积，确立其在地区生态安全中的重要地位。必要时，应该进行空间管制，划定核心区范围，对其实施严格保护，同时在核心区外围设立缓冲区，允许一定的低强度开发，并制定控制性规划，对建设活动进行规范。

绿色基础设施构建的首要任务是保护自然生态环境，是对现有资源的积极保护，不能机械地设置禁建区、限建区、适建区，应该把保护资源与利用城市功能有机地结合起来，充分发挥各自的特色及优势，在功能上相互补充、相互促进，有益于挽救濒危物种，保持物种的多样性，发挥绿色基础设施的社会、经济和生态效益。

（二）修复废弃地

生态修复是指停止对生态系统的人为干扰，依靠生态系统的自组织能力和调节能力，使其向有序的方向进行演化，或者适度地辅以人工措施，使遭到破坏的生态系统逐步恢复，向良性循环的方向发展。生态修复是一项系统工程，除了技术层面的问题外，还涉及政府行为、公众参与等很多因素。生态管理要从区域层面出发，调整人类的开发行为来适应生态系统，而不仅仅将重点放在调整生态系统来满足人类的要求。城市边缘区通常是生态环境保护较差的地区，湿地、森林、草地等通常破坏比较严重，采用生态修复的手段，同时加强绿色基础设施的建设，可恢复这些已经退化的生态系统，提升环境质量，增强城市的生态调节能力。由于垃圾处理和采矿等活动，很多绿色基础设施受到损害，从生态价值上看，这些地区往往有发育丰富的野生动植物，比植被受到人工严格控制的城市公园具有更多的生物多样性和娱乐游憩功能，具有保护自然的特殊意义，因此也是构建绿色基础设施时应重视的地区。

三、构建城乡统筹的绿色融合体系

构建城乡统筹的绿色融合系统是从构建绿色基础设施产生的一系列问题的反思中形成的。例如，一般环城绿带在保护乡村土地和限制城市的肆意扩张方面能够取得显著成效，但将城乡机械地划分开来的二元规划思想，则会导致一些负面问题的出现。由于城乡二元化规划思想的逐渐纠正和景观生态学的蓬勃发展，绿色基础设施构建应从建立绿色隔离体系、割裂城市、限制城市蔓延的规划转轨到建立绿色融合系统、促进城市和乡村协调发展。废弃矿区通常位于城市边缘区或乡村地区，是绿色基础设施增量的来源，其再生与重构是构建城乡统筹的绿色融合体系的重要组成。

（一）构建多样化的城乡绿色融合体系

从城乡空间结构内在动力机制进行分析，影响城乡空间结构内在动力机制的因素有两种，一种是自下而上的，即自然萌发的力量。其实质是通过自身的发展打破系统平衡，并在新的层面上形成相对稳定的结构。另一种是自上而下的，即由主导的力量对整个过程进行控制，即通过规划和政策的引导和控制，让人类发展的意愿主导城市和乡村空间结构的演变。城乡空间结构演变是以上两种因素相互作用的结果，即通过自下而上和自上而下两种力量交替作用，逐步发展构成城乡空间结构。因此，构建绿色基础设施的核心动力就是将绿带、绿道、控制点等要素组成一个相互联系、有机统一的网络系统，充分发挥生态安全价值在城乡发展中的作用。因此，绿色基础设施应作为一项重要的手段来主导城市空间结构。

绿色基础设施涵盖的内容广泛，不仅包括具有生态平衡功能和有利于居民休憩生活的以自然或人工植被为主的用地，还包括用于连接各绿色空间的大面积水域和绿色廊道。换言之，绿色基础设施不仅仅局限于城市公园、森林公园、自然保护区、风景名胜区，大面积的水域、农田和林地以及修复后的废弃地也是其中的重要内容。远郊区大面积的农田、林地作为基质性的绿色空间，与贯穿城市的绿色廊道融为一体，并呈楔状渗入城市，能优化空间秩序，平衡与协调城市空间结构。修复后的废弃地可以再生为生态用地或郊野公园，成为绿色基础设施。因而，构建绿色基础设施应统筹兼顾，将地区范围内的农田、果园、森林、风景名胜区、防护林体系、湿地、废弃地等进行重点保护和利用，并纳入绿色基础设施的网络体系，保护城市边缘区自然开敞空间的连续性，以促进城市的可持续发展。

由于信息时代的到来以及交通的发展，城市和乡村之间的距离正在逐步缩小甚至消失，城乡要素相互融合将成为城市发展的趋势。因此，规划时不能消极地保护农田、水体、山林等绿色基础设施，而应该进行积极引导融入规划，结合保护与开发，统筹考虑建设用地与绿色基础设施用地，使城市能融入绿色基础设施之中。

（二）建设融合多种形式和功能的绿道

绿道是联系城市空间和绿色空间的有效手段，作为绿色基础设施的基本形式，环城绿道的使用非常广泛。

环城绿道始于英国，在提高环境质量、限制城市无序蔓延和促进区域的可持续发展等方面发挥了积极的作用。科学地开展环城绿道规划建设工作，主要从以下几方面着手。

1. 科学的规划与严格的管理相结合

绿道规划需要依照一整套科学的程序来完成，并不是在城市边缘区画一条限制界线那么简单。编制绿道规划前，要分析城市的土地利用状况、土地潜力以及景观格局等情况，并进行用地适宜性评价，作为绿道规划的依据。绿道规划的编制应有前瞻性、可操作性，能够全面指导和推进绿道建设。同时，应成立专门的管理机构，负责绿道的新建、修复和检查等工作。

2. 丰富绿道的功能

建设绿道起初是为了限制城市规模，但机械的隔离使得城市以“飞地”的形式发展，极大地增加了交通成本，带来了一系列的问题，因此，必须丰富绿道的功能，加强绿道的开放性，如增加教育和休憩等功能。在保持景观和自然属性的同时，将绿带纳入经济发展战略，鼓励对绿带的合理利用。

3. 多样化的绿道形式

绿道围绕城市建成区环形分布是国际上许多城市的基本格局，但具体的布局形式会因不同的城市形态特征、不同的地貌条件以及不同的功能需求而多样化，通常有廊道环形绿道、楔形环城绿道、多层环城绿道以及网络形等多种形态。

城镇化进程的加快以及相关学科理论研究的深入，为多样化的绿道功能和形式提供了理论基础和实际需求。在进行规划时，应该避免绿道封闭地围绕城市，从而人为地割裂城市和乡村，这样会使城市发展与绿道建设失衡。而要让城市与绿道相互渗透、相互融合，从而实现城乡一体化发展，提升绿道的综合效益。

第三节　基于绿色基础设施的废弃矿区再生设计方法

一、自然过程导向下的设计方法

广义的自然世界是指无限多样存在的一切事物，狭义的自然界是指有别于人类社会的物质世界，通常将其分为生命系统和非生命系统。对于自然过程，辩证唯物主义认为自然是不依赖于意识而存在的统一的客观物质世界，处在永恒运动、变化和发展的过程中，世间万物一直处于不断运动和发展过程，“自然过程”就是指这些运动和发展所历经的程序。从狭义角度来看，自然过程是指物质世界中，天然或是自然中有形的和无形的力，包括重力、风、水等，对环境产生作用所形成的发展和变化状态。

景观也处于一个动态过程中，构成景观的要素如植被、水体、土壤等都是富有生命的，它们不是一成不变的，而是会随着季节、时间、气候的变化而产生形态、结构及质量等的变化。影响景观的基本自然过程可分为两个部分：生物过程和非生物过程。生物过程包括动物、植物、微生物的生长及自然演替等各种生命过程；非生物过程指各种自然界有形或无形力，如阳光、水、风、重力、火、氧化等。这些自然过程对景观的影响是随处可见的，景观中的生命需要雨水的滋养，雨水汇集所产生的径流会侵蚀土壤，土壤养分的流失会不利于景观植物的生长，植物的光合作用利用水和阳光制造有机质，是生物界赖以生存的基础。

因此，在景观规划设计当中，应意识到自然过程的重要性。在景观规划设计之前，认识到水、土壤、风、生物等的自然规律，在尊重自然规律的基础之上，对自然过程进行合理的引导和利用，营造生态的、可持续的景观。废弃矿区是由于人类的开采活动破坏了原有自然环境后所形成的废弃地。西方发达国家在废弃矿区再生中十分注重尊重自然规律，使得再生后的矿区与自然环境和谐共生。

（一）自然过程引入景观规划设计的研究

1. 现代景观与自然

19 世纪中后期，随着工业化和城市化的发展，环境污染问题日益突出，并威胁着人类的生存，以奥姆斯特德（Frederick Law Olmsted）为首的美国景观规划设计流派异军突起，在英国景观规划设计的基础之上奠定了现代景观规划设计的基石。奥姆斯特德极为推崇自然，并从生态的高度将自然引入城市中。他开展的一系列风景园林、城市规划、公共广场等规划和设计，推动了美国全国性城市公园的设计和建设的发展。他的著名作品——纽约中央公园，成为现代景观规划设计史上里程碑式的作品。

奥姆斯特德的设计结合自然的内涵主要体现在三个方面，即协调好人与自然的关系、协调社会与环境的关系、协调好设计与场地的关系。他的这种生态设计思潮在世界范围内产生了广泛的影响，推动了现代景观规划设计中革命性的变革。

2. 风景过程主义

20 世纪 70 年代，在生态设计思潮席卷美国大地的时候，美国著名的景观规划设计大师乔治·哈格里夫斯（George Hargreaves）并没有随波逐流，他坚持将艺术放在景观规划设计的首位，认为艺术是其灵魂，积极探索艺术与科学在景观中的融合，为景观规划设计提供了一种新的思路。

美国的评论家曾评价哈格里夫斯是“风景过程的诗人”。虽然他的作品不多，但其艺术的原创性和强烈的艺术感染力受到广泛的好评和认可，如烛台点文化公园、拜斯比公园、2000 年悉尼奥运会公共区域设计、广场公园等。

哈格里夫斯的作品注重营造大自然的动力性和神秘感，让人们感受到场地特定的人与水、风等自然要素的互动，以及历史和文化因素的变迁。与欧洲园林、“如画般”“封闭式”的传统式构图所不同的是，他认为开放式的构图更为重要。他致力于探索和挖掘文化和生态两方面的联系，从基地的特点出发，寻求风景过程的内涵，搭建与人相关的框架，并将这种方法称为“建立过程，但不控制最终产品”。他在自然的物质性与人的内心世界搭建起一座桥梁，让人们对景观规划设计的艺术精神有更加深刻的认识。

(二) 自然过程引入废弃矿区景观再生设计

自然过程下的动态景观设计蕴含着生命的暂时性以及自身转化的可能性，展现出一种新的美学，即过程之美，这种新的美学思想可以用来解决废弃地的问题、城市多重空间的利用问题。废弃矿区中蕴含着这种自然过程之美，矿区历经繁荣到衰退，资源丰富到枯竭，生态系统由健康到损害等一系列动态过程，体现出地方工业文明衰败后一种独特的荒凉之感。在废弃矿区景观再生设计中，合理引入自然过程，能更好地营造一种自然、荒凉、沧桑之美，延续矿区及周边地区的历史文化脉络。

1. 价值与意义

（1）遵循自然规律

在矿区景观再生设计中引入自然过程并发挥作用，是一种遵循自然规律、与生态过程相协调的设计方式。这种设计方式尊重了自然发展和生态演替的过程，顺应了自然进程的发展；能够发展和维护矿区生物多样性，维持植物的生境和动物的栖息地，有利于生态系统的健康发展。

（2）经济价值

自然过程中蕴含着巨大的力量，能取得靠人类自身的力量难以实现的效果，如尼罗河三角洲，就是由尼罗河携带的泥沙冲积而成，土壤肥沃，河网纵横。三角洲集中了埃及 2/3 的耕地，灌溉农业发达，由此孕育了灿烂的埃及文明。在当时的技术条件下，仅靠人力来创造这么一块肥沃的平原几乎是不可能实现的。我国的黄河三角洲也是黄河携带的泥沙在入海口不断堆积、不断填海造陆而成，为黄河三角洲地区发展提供土地资源。因此在废弃矿区景观再生设计过程中，合理引入自然过程，可以用少量的人工干预产生较高的社会、经济和生态价值。

（3）维护成本低

自然资源是有限的，在营造景观过程中，应尽可能地节省水、生物、土地、植被等资源的投入。传统的造园活动，为了维持一种稳定的景观，往往耗费大量的人力、物力资源去维护，这些养护工作不仅耗时耗力，还浪费了大量的资源。设计遵从自然规律，可以大大减少能源和资源的耗费。在矿区景观再生设计中，合理引入水、风、光等自然元素，可以降低维护成本，节约物力和财力。如在矿区植被修复上，可以选择使用乡土植被，减少外来引入的树种，可以提高成活率，降低养护成本。

（4）环境教育价值

把自然过程引入废弃矿区的景观再生设计中，可以在人与自然之间架起一座桥梁，增强人类与自然的情感联系。现代社会在城市中生活的居民，正与自然渐行渐远，人们只知道自来水从管道中来，却不知水从何处来，又将排放到哪里去。大自然中的青山绿水、鸟语花香、飞禽走兽，已越来越远离人们的生活，人们只能从电视上、动物园或是自然保护区中见到。改造后的废弃矿区可以成为绿色基础设施的重要组成部分，成为人们感知自然的场所，使人们明白人是自然的一部分，更加尊重自然、保护自然，起到环境教育的作用。

2. *方法*

（1）土壤污染的处理

矿产资源的开采促进了经济的发展，但同时也对地区及周边的环境造成了严重污染。矿井废水中含有的大量悬浮物和有毒物质，直接排放到环境中会污染水质和土壤；露天堆放的废弃物中含有大量的有毒元素，会随着雨水冲刷和地表径流渗入地下，造成土壤的污染和退化，影响植物的生长。矿山废弃地土壤原有的良好结构遭到破坏，有机质含量降低，植物生长所需要的养分流失，重金属含量增高，土壤 pH 值降低或是盐碱化程度增高等问题，会破坏生态系统，影响动植物的生长，破坏生物多样性。

土壤污染的处理是废弃矿区景观再生需要解决的重要内容，在治理矿区土壤污染之前，要对矿区土壤的种类、结构及形成过程进行科学客观的分析，掌握土壤形成和演变的自然规律。

对基质的改良也同样重要，根据矿区土壤的状况，采用改良或是覆盖新土。在选取土壤改良材料上，可采取“以废治废”的方式，选用动物粪便、生活污水、污泥等，因为它们里面含有大量有机质，可以缓慢释放以缓解金属离子的毒性，并在一定程度上提升土壤持水保肥能力。此外，还可以用固氮植物或是菌根植物来改良矿区土壤，以便实现良好的生态和经济效益。

（2）植被的恢复

矿产资源的露天开采剥离表层土壤，破坏地被，导致采矿区原生生境被破坏，大型的植被斑块不断破碎化，影响了物种的迁移和信息传递。乡土植物群落被严重干扰和破坏，植被急剧向下演替，这会对矿区内部物种的数量和结构造成破坏，最后造成矿区物种生物多样性的下降。

矿区植被生态系统的恢复可以通过生态演替实现，在自然状态下，植被会缓慢地向上演替；在不利人工干扰下，植被会快速地向下演替。一般来说，通过自然演替达到良好的植被覆盖效果需要50～100年的时间，所需要耗费的时间比较漫长，如果停止人为干扰并封山育林，植被会进行缓慢的、长期的向上演替过程。

在植被种类选取上，应优先采用乡土植物来恢复植物群落。在废弃矿区上生长的植被具备极强的耐性和可塑性，能够适应矿区恶劣的条件，可以与栽培植物组成多层次的植物群落。

此外，在矿区生长的杂草也可以作为一种景观资源，杂草等自然生长的植物也是工业环境发展进程中的一个重要组成部分，杂草的荒凉之美与废弃矿区的沧桑之美是相融合的，且杂草具有顽强的生命力，能在废弃矿区这种恶劣的环境中顽强生长。

（3）地形的重塑

矿产资源开采剧烈地改变了原有的地形，其再生设计的一项重要工作就是重塑地形，运用流域地貌理论、景观生态理论、3S技术和设计学方法在对矿区区域环境和自然地理环境调查基础上，将破坏严重的地形重建为与水系、土壤、植被等自然环境要素和人工要素相互耦合的有机整体。废弃矿区的地形重塑是一种基于自然系统的自我有机更新能力的再生设计，在尊重自然过程与自然格局的基础上，注重安全，突出可持续发展，利用自然本身的自我更新、再生和生产能力，辅以人工手段，使重建的景观地貌更加接近于原自然地貌景观形态，能够与邻近未扰动的景观相协调。

露天开采和地下开采都会对地表的景观造成破坏，露天开采剥离表土，地下开采会造成采空区，引起地面塌陷，造成较大的安全隐患。土地面貌变得支离破碎，会影响景观的环境服务功能。露天矿坑地域地表，形成凹陷的矿坑，通常由开采边坡、开采平台与坑底三部分组成。露天矿坑具有多样变化的地形，而且在矿坑内部视线较为封闭，有利于营造相对安静的环境，通过景观设计的方法可以营造功能和趣味兼备的空间。

露天矿坑边坡主要修复方法如下：一是岩面垂直绿化技术。该技术以普通垂直绿化技术为基础，针对高边坡坡度大、岩石表面坑洼、裸露等特征设计。在坑洼部位设置藤蔓攀缘植物的容器苗，结合工程措施按照星形等布局模式在坑洼部位栽植藤蔓植物进行垂直绿化。二是岩质边坡植生基材生态防护技术。该技术将铁丝合成网与活性植物材料结合，利用喷射装置将植生基质均匀播撒到岩质边坡，形成一个自主生长的植被系统，进而实现对边坡的复绿。三是生态棒防护技术。生态棒具有柔性的特点，由不可降解材料制成，棒体内填满植生基质材料。在岩质边坡上按照一定距离布置，起到稳定植生基质和促进边坡植物生长的作用。四是植被垫防护技术。该技术与生态棒配合使用，铺设在生态棒防护框内，植被垫可以将所需水分保持在岩面坑洼内，也可以排出植生基质多余的水分。利于植物根系生长和基材层的稳定。五是生态袋防护技术。生态袋适用于岩质坡面修复，由高强度合成材料制成，具有保土、透水的作用，袋内放置种植土，有利于植物根系的穿透，且与平台基础贴服良好，利于成规模敷设。

此外，“底泥填浅”的方式也常用在露天开采形成的矿坑修复中。该方法将坑底的淤泥挖出，填入矿坑中较浅的地方使之成为农田或果林等农业用地，而拓展后的坑底则可改造成湿地或鱼塘，形成立体的农业生态系统。

二、基于“海绵体”理念的设计方法

城市建设初期，为了满足城市建设与发展的需求，城市边缘区往往分布大量的矿区，为城市提供物质与能源，而随着城市的发展，矿区的资源趋于枯竭，为城市服务的职能逐渐消失，最终矿区大多被废弃。与此同时，破败的废弃矿区不仅影响了城市景观，还遗留了诸多的安全隐患。因此，城市边缘区废弃矿区的再生设计刻不容缓。

废弃矿区失去了为城市提供资源的功能，但由于其特殊的区位、地形、地貌等条件，可以在其他方面继续发挥为城市服务的职能。城市周边废弃的矿区，尤其是露天的煤矿、铁矿、采石场等，由于低洼的地势，在丰水季节，通常会大量积水，可视为天然的“海绵体”，基于此，海绵城市理念应用到废弃矿区再生设计中，着力将城市周边的若干单个矿区纳入绿色基础设施体系中，使其成为城市绿色基础设施的重要组成部分，将废弃矿区变成“海绵体”，从而解决日益严重的城市内涝问题。

海绵城市理念的应用，从宏观上看，一方面可以让废弃矿区在暴雨季节储存城市过剩的雨水，降低城市的排洪压力；另一方面在干旱时节还可以将雨水释放，以补充城市园林灌溉、消防用水、工厂用水等城市用水之需。从微观上看，可以让矿区内部减少洪涝之灾，自身形成良好的生态环境，让开发后的水文循环尽量恢复到开发前的状态，实现矿区的可持续发展。

（一）“海绵体”理念与废弃采石场相结合的可行性

第一，我国对废弃采石场环境恢复治理的问题越来越重视，生态环境部多次下达治理的相关文件，国内学者也借鉴国外相关资料开展研究。

第二，理念方面，海绵体理念是新兴的研究学科，欧美发达国家已建立较成熟的低影响开发理论及方法体系，具备了较强的理论基础。

从某种意义上讲，虽然“海绵体”是新兴的理念，但是由于这个理念是以低影响开发和绿色基础设施为基础而提出的，所以具有坚实的理论基础。废弃采石场所面临的环境问题、生态修复问题，也急需更专业、更生态的理论指导。“海绵体”是在保持场地功能的前提下，研究适宜采石场的布局模式、植物种类以及周边环境等，再引入低影响开发技术，能够大大提高场地的雨水管控能力，从而提高废弃采石场的经济、社会、人文价值。

第三，效益方面，“海绵体”理念强调的是让场地“弹性适应”环境变化与自然灾害。它改变了传统铺设大量的灰色排水管网、经济成本高且容易破坏场地的生态结构的技术方法，将原先的人工管道换成雨水设施，既保护了自然环境，又提升了场地的观赏价值，在各个方面实现了生态、经济、人文等效益多重化。

第四，技术方面，一些发达国家已发展并完善了一套比较完整的“海绵体”理论体系及相关技术，而且能够很好地应用到景观设计和城市建设中。在我国，近几年来也一直致力于研究海绵城市建设技术和方法，北京等一线城市也开始进行城市雨水管理方面的研究与试点工作，并取得了较为理想的成绩。

(二)适用于“海绵体”理念的采石场特征研究

1. 废弃地类型

废弃地种类繁多，按性质可分为金属废弃地、非金属废弃地、能源废弃地三种主要类型。金属废弃地是指对黑色金属（如铁、锰等）、有色金属（如铜、锌、铝等）和贵重金属（如金、银等）开采后形成的废弃地。金属废弃地多分布于我国的丘陵地区，其地质条件复杂，岩层坚硬，容易因为矿山坡边失稳诱发地质灾害，此外，大量矿渣和尾矿不合理地堆放破坏土地，排放的废物中的重金属污染物污染水土环境，容易引发泥石流。非金属废弃地主要是指开采非金属化工原料形成的废弃地、开采非金属建材原料形成的废弃地以及开采非金属冶金辅助原料形成的废弃地。这些非金属废弃地大多采用爆破开采的方式，容易造成山体被破坏，植被大量减少，水土流失加剧，从而导致山体崩塌、滑坡等地质灾害；而且此类废弃地一般经过大量的开采，严重破坏了山体结构，遗留下大量的矿坑，使岩体裸露，当地生态环境遭到严重破坏。能源废弃地主要分为油气类废弃地和煤矿废弃地。油气开采活动容易造成区域地面沉降、地下水层被破坏、原油污染土壤和浅层地下水、矿口附近植被遭到破坏。煤矿开采中的露天开采方式则使山体和植被遭到破坏，造成水土流失问题；而井工开采则会将山体挖空，容易引起地面塌陷等问题。

经过分析可知，金属废弃地和能源废弃地的环境污染严重，同时开采后的地质条件不稳定，存在极大的安全隐患，生态恢复难度大、成本高，且容易被地质灾害所破坏，运用“海绵体”理念进行景观再生成本高。非金属废弃地环境污染、水土流失程度较轻，不易发生地质灾害，虽然非金属废弃地的山体土方受破坏较严重，土壤贫瘠，但这些问题可以经过生态修复的手段进行恢复，较适合运用“海绵体”理念进行生态修复。

2. 地理位置

废弃采石场的地理位置不同，其进行转型时的功能定位也不同。采石场根据其所处地理位置的不同一般分为“无依托采石场”和“有依托采石场”。无依托采石场是指在远离城市的地区进行开采的采石场；有依托采石场是指在城市附近进行开采活动而形成的采石场。

无依托采石场大多远离城市，要对这些采石场进行改造，则面临强度大、成本高的困境。一般来说，无依托采石场因为地理位置偏僻、利用率低、重点改造的意义不大，因此重塑远离城市的废弃采石场通常采用低成本的单一边坡复绿技术。

有依托采石场的产业转型相较于无依托采石场而言，经济成本较低，景观再生力度较小。并且，靠近城市的废弃采石场的重塑可利用的资源丰富，如附近城市的人文环境、自然环境、历史文化、工业遗迹等，通过结合场地资源，使得这些采石场转型后利用率高。在对采石场进行重点开发和景观再生的同时，也需要注重提升采石场周边区域的环境质量，建立区域绿色海绵系统，打造城市的“后花园”。

3. 规模

并不是所有的废弃采石场都能在生态转型过程中能成功地融入“海绵体”理念的措施，可进行转型的采石场应具备以下条件：首先，采石场所在区域规模不宜过小，要有足够的空间布置“海绵体”理念下的各项低影响开发措施；其次，不宜在水资源短缺、远离河流湖泊的地方选址，否则许多低影响开发设施将无法布设；最后，采石场内还应有与附近城市或河流湖泊相连接的水流通道，以保证其能发挥调节雨洪的功能。另外，废弃采石场进行景观再生设计之后，很有可能作为公园、休闲娱乐等场所，要推动区域经济的发展，应有便利的交通条件，且政府要对该项工程有高度的重视和支持，群众对生态修复工作具有积极性，有利于社会宣传和示范推广作用。

4. 功能定位

废弃采石场转型的功能定位是根据其所在地理位置而确定的。有些采石场位于农村，其中大部分为有依托采石场，且数量最多，这类采石场在被开采之前一般是耕地或者林地，所以在转型过程中，应以发展观光农业园为方向进行功能定位。有部分废弃采石场位于城郊，这类采石场大多面临着水土流失、植被破坏、环境污染等一系列生态问题，容易引发城市“热岛效应”等问题，对这些废弃采石场首先要恢复其生态功能，然后结合场地历史文化和地理位置，对其进行场地规划和功能定位，如作为城市扩张的备用空间，也可以将其设计成休闲公园、旅游景点等。除了乡村和城郊废弃采石场，还有一部分采石场地处城市内部，其具有较高的地块价值，可以将其改建成房地产项目、休闲公园、生态示范园、工业文化博物馆等。

三、矿区地域文化传承与设计方法

废弃矿区再生是一项系统工程，不仅涉及物质空间重构，也涉及文化层面传承。目前，大量城市公园设计方法被应用于矿山再生设计中，导致景观同质化和场所精神缺失，也削弱了废弃矿山作为一种特殊景观类型的价值。废弃矿区作为一种工业遗迹，见证了工业文明的历史。工业和住宅建筑，以及矿坑遗迹所包含的历史记忆都是区域文化的一部分。这些文化联系已融入当地人的生活和记忆中，矿区的复兴应尊重和振兴地区文化。

(一) 地域文化与景观设计

地域文化有两个主要特征，即动态性和差异性。地域文化的发展是一个动态演进的过程，地域文化随着人类发展和社会进步而不断地进化，在不同的历史阶段表现出不同的内涵和外在特征；随着文化的交流、碰撞使得地域的边界具有动态和模糊性的特点，在不同的空间领域，地理景观和地域文化具有差异性。地域文化是景观设计的创作源泉，设计方法可用于以物质媒介的形式表现地区文化的民俗和传统。在景观设计方面，地域文化不仅仅指场景等物质空间，也包括透过物质空间所反映的价值观、审美意识和文化心理等。

(二) 废弃矿区景观再生设计中地域文化的传承与融合方法研究

1. 多样统一

关于多样统一设计方法的解读可参考我国遗产保护的演变历程。我国遗产保护通常有三种方法：

第一种是“修旧如新”，即修复后的外观与建造时一样。修复中的“焕然一新”是指用新材料替换原有材料，更新外观，使其获得全新面貌。可这种做法既破坏了历史信息的真实性，虽然获得了全新的外观却得不偿失。随着西方历史遗迹修复理念逐渐引入我国，保留各层次历史信息的修复理念得到了更多学者的认同。

第二种是“修旧如旧”，即用“做旧”的方法，将新的表现方式与原有方式协调统一，这样看起来就像没有修过一样。该方法正是《中华人民共和国文物保护法》所规定的“不改变文物原状”原则的体现。“原状”，不仅指文物外貌，还包括文物蕴含的历史信息。“修旧如旧”需要在保护文物遗产价值的同时保护文物的真实性。

第三种是“新旧共生”，即修复部分的外观与原有部分不同，如颜色、材质、纹理等方面，使修复部分符合可识别性原则，容易与原有部分区分开来。“共生”并不是简单地在旧词汇上添新意，而是要融入原有的内涵和元素，再将其加以提炼和优化。“新共生思想”是具有代表性的理论，该理论从空间、文化和环境出发，提倡“部分为整体共生、内部与外部共生、不同文化的共生、历史与现实共生”的思想。

2. 有限触碰

有些废弃矿区的场地和遗留物极具特色，因此应充分诠释该地的环境和文化，并利用艺术创意来激发场地生命力。新的设计语汇对遗址的触动应该是有限的，要尽可能保留遗址原有的遗迹，从自然环境、历史文化中提取元素并加以强化，这种创造性思维可以保留矿山景观的鲜明特征。废弃矿山的再生过程非常缓慢，尤其是生态系统的恢复需要时间，在此期间，设计对遗址的影响应该是有限的。

3. 语汇转换

这里，语汇指的是设计语汇，与语言类似，设计语汇也包含“语素”“语法”和“章法”，类似于文章的起始、尾声、过渡、高潮等。设计作品的过程也是用设计语言“讲述”一个空间主题的过程，其语汇包括了空间中各种自然和人工的要素。通过设计语法将其组织成多维的空间结构，就像写出一篇优美的文章一样。

原有语汇景观效果不佳或格局混乱，运用多样统一和有限触碰的方法，增加新语汇则会放大缺陷，这时就需要运用设计方法转换原有语汇，生成新的设计逻辑。语汇的转换不同于再造，而是在创造新语汇的同时，充分尊重原有语汇，通过转换延续地域文脉。

4. 区域共生

地理环境是区域文化的主要物质载体，并通过影响区域人类活动来影响文化。一个地区特定的地理环境所造成的空间限制造就了异质的地区文化。废弃矿山遗址及其文化是区域地理环境和文化的一部分，是局部与整体的关系，在地域文化设计中不仅要考虑矿山本身，遗址环境也是影响设计的一个重要因素。要综合协调矿区内外环境，着眼于城市乃至整个区域，全面整合经济、社会、环境和文化因素再生设计之后的新语汇，协调了矿区的内外矛盾和内外环境的逻辑结构，使矿区和区域环境要素作为一个有机整体共存。

四、大地艺术方法运用与废弃矿区再生设计

废弃矿区是指人们过度开发矿产资源，对环境造成严重破坏后废弃的区域。由于过度开发，废弃矿区的生态环境遭到严重破坏，导致生态环境不稳定，地质灾害频发，污染严重，景观资源遭到破坏，急需进行生态再生设计。废弃矿区景观再生设计是一项系统工程，其中环境学科、工程学科以及艺术学科的重要性日益凸显。废弃矿山给人的印象是荒芜、凄美和神秘的感觉，在这里更容易塑造出艺术特色。在大自然中创造的大地艺术，可以增强环境感染力，提升矿区景观质量，在挖掘矿区场所精神、再利用矿山废弃物、恢复受损地表等方面作用突出，是废弃矿区再生景观设计的有效手段之一。大地艺术有许多不同形式，有的注重突出作品本身，忽视与自然环境的融合；有的作品遵循自然发展规律，以最小的场地扰动展现场所精神。后一种方式与废弃矿区再生设计理念的精神如出一辙，也是本书重点介绍的一种重要的再生设计方法。

（一）大地艺术的概念

大地艺术是艺术家们以大地上的平原、丘陵、山体、水体、沙漠、森林以及日月星辰、风雨雷电等自然景观和环境，构成了在大地上创造自然物质和人工痕迹的艺术表现形式。受极简主义、观念艺术和行为艺术的影响，大地艺术家们超越了传统的室内创作方式，以质朴的方式在广袤的大地上创造出大型艺术作品，诠释着空间精神和艺术情怀。

（二）大地艺术表现手段

大地艺术主要有两种表现形式。第一种是“自然式”。多采用自然材料进行创作，将自然与艺术融为一体，使人与自然的联系更加直接。大地艺术作品是在大自然中创作出来的，观众也应该到大自然中去感受艺术作品与自然联系的魅力。“自然式”的大地艺术作品注重与自然环境的融合，对环境的破坏最小。人类的创作只是大地艺术的一小部分，

更多的艺术是大自然依据自然规律创造出来的。第二种是“人工式”。这类作品由人工材料和装置组成，作品表现力通过人工材料来展现。“人工式”大地艺术作品更加突出艺术作品本身，希望通过艺术作品传递作者的思想或对社会问题的思考。

当代对大地艺术评价的观点主要有以下两种，第一种观点认为，大地艺术是对空间的破坏，“是男性强权强加给地球母亲的生硬断言”。另一种观点则认为，大地艺术创作与耕作或园艺、美化或恢复土地是一样的。废弃矿区是一种被破坏的环境，生态再生的主要目标是恢复生态系统，保护和利用工业遗产，实现环境、美学和社会经济价值的共赢。从这一目标出发，废弃矿区再生设计中的大地艺术须取其精华，弃其糟粕，摒弃不符合自然发展规律的区域，充分发挥“自然”与“人工”的优势，实现生态设计的目标。在废弃矿区进行大地艺术创作时，不能为了突出作品而破坏生态环境，更不能机械地将作品脱离实际。应尽可能挖掘场地工业遗存的价值，并尽可能使用现场现有材料，进行设计。大地艺术作品应符合环境美学和“可持续”的设计理念，采用简单的形式和天然材料，并尽量以最小扰动的方式进行创作，使工程与自然发展规律相协调。

（三）废弃矿区景观再生中大地艺术设计方法

大地艺术是废弃矿区恢复和再利用的最有效手段之一。大地艺术将历史与现代文明相结合，通过艺术手段使被破坏的环境和看似无用的工业设施重新焕发生机，为废弃矿山的振兴提供了新的途径。大地艺术充分利用废弃矿井的历史、文化遗产、自然和人为因素。艺术家利用这些材料唤起人们对工业文明的记忆，并促使人们反思这种对环境造成严重破坏的资源开发模式。废弃矿区景观再生中大地艺术设计方法主要包括以下几种：挖掘矿业遗产美学价值，运用原始的简单形式，采用自然材料进行艺术创作，对场地的干扰最小，注重时间和空间因素的运用以及凸显暗喻的思想等。

1. 挖掘矿业遗产美学价值

传统美学认为废弃的矿区景观是丑陋的。荒芜的土地、裸露的岩石、生锈的金属、破败的建筑、流淌的废水和摇摇欲坠的墙壁，这些景象很难让人联想到美或艺术。但在大地艺术家眼中，废弃矿山是一种文化景观，见证了工业文明的诞生、兴起和衰落。矿业遗产具有时间之美，建筑和设备上斑斓的锈迹诉说着昔日的辉煌，唤醒人们的无尽遐想；矿业遗产具有技术之美，具有代表性的工业建筑和设备见证着工业技术发展的进步；矿业遗产具有情感之美，承载着矿工的情感，凝聚着多少代建设者的心血与智慧。矿业遗产具有广泛的美学价值，是大地艺术的灵感源泉。

2. 运用原始的简单形式

抽象是大地艺术的重要创作原则和方法，要求提炼最典型的形式，挖掘地域精神，创造艺术原型，利用简单质朴的元素进行表达。抽象几何是大地艺术中常见的形式，看似单调，实则简洁、显著、多变、多样，容易唤起人们的集体记忆。因此，在大地艺术创作中，简单的几何图形往往会被拉伸、弯曲、交叉和切割，从而形成动态的形式。

抽象几何图形经常被用于大地艺术中，这是因为抽象几何原型除了具有很强的可塑性之外，还是一种传递历史和文化的特殊符号。这些符号或是类似于自然界的具体形象，或是可以被人理解，或是具有一定的象征意义。

3. 采用自然材料

大地艺术家将土壤、植物、石头甚至自然现象作为创作素材，并将这些自然材料的独特性运用到艺术创作中。在废弃矿区中进行绘画艺术创作时，需要以娴熟的技巧和对环境负责的态度使用自然材料，使材料和矿区环境共同营造出一个丰富而令人愉悦的空间。在距离德国科特布斯不远的地方，100多年的煤矿开采留下了数十个巨大的矿坑。当地政府迫切希望尽快振兴该地区，于是邀请世界各地的艺术家以废弃矿井为背景，创作大地艺术作品。矿坑、废弃的工业建筑和大地艺术汇聚在一起，形成了一幅引人注目、野性而又浪漫的景观。由于这些作品由天然材料制成，随着时间的推移，它们将逐渐被侵蚀、变异或消失，废弃矿场将恢复成一个环保场所。

场地内自然材料被设计成一系列岩石龛，为候鸟、哺乳动物及无脊椎动物提供栖息地，并保护它们免受风和捕食者的侵害。设计师还设计了远足和步行路线，为鸟类和哺乳动物提供栖息地，并保护文化资源。

4. 最小的场地干扰

在进行大地艺术创作之前，必须认真分析废弃矿山的现有条件，如气候、地形、地貌、植被、水文、历史文化以及人为痕迹等，利用现场的自然和人文精神，使地景艺术能够展现矿山的个性，在尊重自然和人文特征的同时，确保对现场的最小干预。

5. 把时间因素融入艺术创作

大地艺术属于多维空间艺术，它不仅有物质空间，还有时间维度，时间在作品与环境的融合中发挥着重要作用。马里奥（Walterde Maria）也强调大地艺术中用时间来创作，因为时间会赋予艺术作品更强的生命力。

废弃矿区和工业废墟见证了采矿和加工对原有自然环境的破坏过程。这种随着时间推移而发生的位置变化是一个很好的艺术主题，它可以展示矿区的历史，同时警示人们，工业文明虽然给人类带来了丰富的物质财富，但也破坏了我们赖以生存的家园。另外，废弃矿区的环境恢复过程往往十分漫长，在这个过程中，矿区的生态系统会逐渐恢复，这片土地也会从荒芜中逐渐恢复生机。土地艺术可以融入矿区恢复的全过程，提高矿区景观的质量，为单调破旧的环境增添光彩。

6. 暗喻思想的表达

暗喻是一种修辞表达方式。在设计中，暗喻是设计师对思想、概念或情感的间接表达。暗喻是环境与人类情感之间的桥梁，通过艺术品传达给观者。暗喻是大地艺术创作中广泛使用的手法，思想内涵是大地艺术的灵魂，也是评价大地艺术价值的一项重要标准，依靠的是造型、材料和色彩。设计者应从矿区的历史、文化和特色中提炼精华，通过作品展现矿区精神，表达艺术家对社会问题的感受和思考；重新思考人与自然的关系——是无尽地索取还是可持续地发展。

五、废弃矿区聚落生态设计

（一）矿区聚落的概念

矿区聚落有两种划分方法。一是根据矿业类型，可以分为石油型、煤炭型、有色金属型、冶金型和化工型等多种类型的矿区聚落。二是通过区位划分，可分为依托矿业发展而成的聚落和无依托矿业发展的聚落。有依托矿区聚落是指原先没有聚落，因矿业而兴起的；无依托矿区聚落指原先就有聚落，后因矿业的发展而壮大的区域。根据生产和生活设施的需要，矿区通常包括生产建筑、矿工宿舍、道路等。矿区与聚落融合后，与聚落功能相配套设施的种类和规模必然增加，如社区中市场、银行、会堂等建筑，此外，还有非物质文化遗产。综合以上分析可知，矿区聚落是矿区的主要组成部分，由于矿产资源开发而兴起，矿业职工及其家属为居民主体，经济社会功能相对独立。

（二）矿区聚落生态设计方法

1. 矿区聚落风貌设计

聚落风貌主要通过自然景观和人工景观来体现，也包含在聚落形成过程中的非物质文化，例如传统习俗、人文历史、当地杂艺等。矿区聚落风貌是基于矿业文化，在矿业环境的影响之下形成的环境特征。

（1）空间布局形式

在矿区聚落发展过程中，有一部分聚落原本就独立存在，其区位、空间格局和建筑形态随着时间的推移已形成一定的规模，后由于矿产资源的开发，对聚落原本的布局形式和结构都造成了影响。而另一部分聚落则完全依托矿业开采发展而成的，其村镇聚落的空间布局主要服务于矿业开采和加工。因此，应依据聚落的区位条件和形成原因进行空间布局优化。对于无依托型矿区聚落，应保护其原有的空间布局，在其基础上进行适当的改造和整治。对于由于矿业开采等原因遭到破坏的地区，应在优化聚落整体布局的前提下进行复原和重建工作，确保居民的生存环境得以改善；对于有依托型矿区聚落可依据所处的地形地貌条件和矿区特色进行空间布局。

（2）矿区聚落色彩风貌

首先，应从当地的地域文化和历史建筑中提取色彩元素符号；其次，宜使聚落风貌色彩与当地的地理环境遥相呼应，创造出人工建筑环境与自然环境和谐统一的色彩景观；最后，应注意体现矿区聚落的矿业特色，营造矿业特色鲜明的矿区聚落色彩风貌。

（3）建筑立面风貌

矿区聚落建筑立面改造主要有如下方法：一是对于具有一定历史价值的民居应进行保护和修缮；二是对于能够代表矿区历史的建筑应予以保留；三是对于质量较差并且影响聚落整体风貌的建筑应予以拆除。浙江矾山矿区内福德湾村的建筑极具地域特色，材料来自地方石材，与自然融为一体。部分建筑年久失修，需要修缮，也有部分建筑与整体风貌冲突较大，需要进行外立面整治或拆除。经过建筑立面风貌整治后，整个聚落地域特色更加鲜明，有力地推动了旅游业的发展。

2. 矿区聚落公共空间设计

（1）街巷空间设计

街巷是聚落居民活动的主要场所，也是整个聚落的脉络和肌理。由于建筑的布局和地势的影响，形成弯曲、笔直、狭长、宽敞等形式不一的空间。街巷和沿街立面的改造也会形成虚实统一的变化效果。对于矿区聚落的街巷景观来说，应结合其矿业文化的特色，在铺地材料、植物配置、空间形式等因素中融入当地矿业文化的景观元素，增强矿区聚落的可识别性和协调感。

（2）广场设计

广场是矿区聚落公共空间的重要组成部分。从功能上划分，矿区聚落的广场主要分为两类：一类为生活性广场，其主要功能为日常交流、健身休闲、娱乐等。这类广场在设计过程中应空间划分合理、动静分区明确，满足各类人群的需求，特别是在空心化和老龄化严重的矿区聚落，应考虑到老人、儿童和妇女的使用需求。另一类为文化性广场，主要用于展示村镇的历史和举行集会等。广场一般位于村庄的中心，可用雕塑、浮雕墙、多媒体技术等形式展示矿区聚落的历史和矿业文化。

3. 矿区聚落植物景观设计

矿区聚落植物景观应充分结合聚落风貌、公共空间及道路进行设计。遵循乔灌草搭配、因地制宜的原则，注重季相变化和造景效果。

在矿区聚落的植物景观设计中，不仅要考虑乡土植物的特性，还应考虑矿区废弃地的特殊性。在选择植物种类的时候，应选择适宜在矿区种植的植物，不仅可以改善生态环境，也可实现空间造景的功能。可选用生长力顽强的植物进行种植。例如沙棘、狗牙根、胡枝子、芒草等先锋植物，逐渐形成针叶林和针叶混交林。景观效果较差的矿区建筑和构筑物可栽植攀缘植物形成垂直景观带，起到藏拙的效果。

第六章

我国绿色矿山发展

第一节　我国绿色矿山典型发展模式

一、分析方法

（一）因子分析法

因子分析是将变量群中多个具有一定程度相关性的变量浓缩成少数具有代表性的变量用以描述和反映原变量的主要信息。与主成分分析相比，因子分析的结果更为精确、结果也更具有解释性。

运用因子分析进行分析前首先要进行适用性检验，常用方法有巴特莱特球形检验和KMO检验两种。巴特莱特球形检验则是通过根据各变量相关系数矩阵是否为单位阵来判断各变量间是否存在相互独立关系，当变量检验结果显著性Sig值小于0.05时，认为各变量间不存在相互独立关系，具有相关性，适合进行因子分析。KMO检验通过对比指标间的偏相关系数和简单相关系数的相对大小来判定变量间是否存在相关关系。

（二）结构方程模型

结构方程模型又称为潜在变量模型，通常属于高等统计学的范畴。和传统的统计方法相比结构方程模型是一种可以将测量和分析整合在一起的计量研究技术，有其自身的优越性。首先，结构方程模型允许自变量和因变量同时存在误差，相较于传统估计模型忽略误差，结构方程模型将误差纳入模型内部可以有效提高模型的拟合水平。其次，结构方程模型可以同时处理多个因变量，与回归分析相比结构方程模型可以同时处理具有多个因变量的模型因此结构方程模型可以描述更加复杂的模型，也和现实更加接近。最后，结构方程模型中指标所包含的意义和范围更加广泛，通常的统计模型中一个指标通常表示某单一的影响因子，而结构方程模型中的一个指标可以反映出多个因子特征进行因子分析，因此结构方程模型中指标所表示的意义更加广泛更具有弹性。

通过结构方程模型可以估计结构方程的测量指标、潜在变量，不仅可以估计指标变量的测量误差和评估变量的信度和效度，还可以同时检验模型中包含的显性变量、潜在变量、干扰或误差变量之间的关系，获得自变量对因变量的直接影响、间接影响和总影响。

潜在变量是一个无法直接测量的概念，如智力、满足感等，也称潜变量或隐变量。显性变量是指可以直接观察和测量而得到的变量，也称观察变量或测量变量。在结构方程模型中那些无法观测和测量的潜在变量可以通过一组可观测的显性变量进行测量。潜变量和显性变量因为其在模型中的结构关系可以进一步划分为外衍变量和内衍变量，外衍变量包括外衍潜变量和外衍显性变量，内衍变量包括内衍潜变量和内衍显性变量。外衍变量不受模型中任何其他变量的影响但会影响其他的变量。内衍变量会受到模型中其他变量的影响且会影响其他变量。

结构方程模型包含两个基本模型：测量模型和结构模型。测量模型由潜在变量和显性变量组成。表现为潜在变量和显性变量之间的线性函数。显性变量被称为潜在变量的外显变量、测量指标或指标变量，是由量表或问卷等测量工具所得到的数据。潜在变量是观察变量间所形成的特质或抽象概念。由于这些特质或抽象概念无法直接测量，因此由观测变量测得的数据来反映。

结构方程模型的建立一般经过模型构建、模型拟合、模型评价、模型修正四个过程。结构方程模型具有理论先验性，即结构方程模型必须建立在一定的理论基础之上，通过路径图将变量之间的假设关系表示为具体的因果联系。因此在建立结构方程模型的时候一定要充分理解各变量之间的关系，选择尽可能简洁的模型解释更多的变量，包含更丰富的内涵。结构方程模型的拟合方法主要为最小二乘法和极大似然估计的方法，其中使用最为广泛的方法是极大似然估计法。模型评价是对于假设理论模型与观察数据的适配度的一种评价，适配度越高，参数估计的结构越好，模型的适配度评价一般要根据一系列不同的适配度指标进行综合评价。在进行模型评价之后如果发现模型的适配度不够好，就需要对于原有模型进行修正，在模型修正的过程中仍然应当注重理论支撑，并反复进行调整以得到理论与数据适配度高的模型。

二、绿色矿山典型发展模式

绿色矿山的规范管理是围绕矿山绿色发展目标展开的企业生产管理，企业文化是以绿色发展理念为核心的企业文化管理，因此将规范管理和企业文化合并归纳为绿色管理。绿色矿山典型发展模式包括绿色管理模式、绿色技术模式、生态复垦模式、社区和谐模式、循环经济园区模式。

（一）绿色管理模式

绿色管理模式是指将企业的环境发展理念贯穿于企业管理的全过程，目的是在改善企业的同时，减少或防止生产过程以及产品对生态系统造成的污染和破坏，最终实现经济与环境的双赢。绿色管理根据不同企业体现不同的内容，有的企业注重管理手段的创新，提高效率，减少对环境的负面影响，如数字化管理；有的企业通过管理制度的创新来实现这一目标。所以按照可区分性、适用性和可复制性的原则，将所研究的绿色矿山试点单位的管理模式按照其在管理过程中的不同着力点分为两类：数字化管理模式和区域性矿山管理模式。

1. 数字化管理模式

数字化管理模式是指将现代计算机网络技术、自动化管理技术应用于矿山企业生产经营的过程之中，通过信息系统将生产和资源数据不断交换、整合和交流，使管理者能够全面、及时、准确地了解企业的生产资源、产品、成本、安全等信息，对其发展和运行进行科学的预测、计划、组织和控制。具有实时性、模拟性、安全性、成本效益性等特点。

根据功能不同，可将数字化管理分为三个方面：地质资源管理、生产过程管理和经营管理。

地质资源管理涉及矿床的可视化和数字化。矿业公司使用 Dimine 等专业软件创建地质信息数据库、测量和控制数据库以及矿床地质模型，实时三维显示矿床地质信息，并自动计算地质研究和储量。

生产过程管理是指实现生产过程的自动化和数字化，例如提升系统自动化、清洁系统自动化、数字监控系统等。

生产经营数字化主要包括 ERP（Enterprise Resource Planning，企业资源计划）、HR（Human Resources，人力资源）、OA（Office Automation，办公自动化）以及质量管理等多个方面。ERP 系统引入了物资采购和投入产出的电子化管理，而相应的 0A 系统则整合了信息发布和协同办公，电子采购平台、内网办公和矿房系统的引入将更好地满足单位网上调度的需求。

数字化管理技术可以有效助力矿山企业优化组织结构，降低决策风险，提高企业快速反应能力，优化企业结构，控制成本。数字化管理过程中使用的高科技、新技术、新设备可以提高劳动生产率，增加矿石产量，提高产品质量，降低生产成本。数字化管理过程中采用自动化开采技术，可以有效避免或减少灾害和人员伤亡事故的发生。此外，数字化管理通过对生态环境破坏情况的数字化，科学制定评价体系和生态恢复方案，有效改善矿区矿山生态环境。在数字化管理过程中使用自动化采矿技术，可以有效预防或减少灾害的发生以及人员伤亡。此外，数字化管理还可以将生态破坏情况数字化，制定科学的评估体系和生态修复方案，使矿区生态环境得到有效改善。

2. 区域矿山管理模式

区域矿山管理模式适用于一个区域内有若干个分散的小矿山群，独立矿山独立开发，一个大矿区联合开发，对整个矿区的采矿、运矿、冶矿、通风和生产进行统一规划，优化设计配套系统，优化资源配置，降低生产成本，集约利用矿产资源，同时减少或避免环境破坏，从而实现经济效益、环境效益和社会效益相协调的管理体系。主要内容包括四个层面：技术层面是地质品位、采出品位、入选品位、精矿品位、入炉品位等多个品位的优化。工程层面是勘探、采矿、配矿、选矿、冶炼五大工程的相互衔接；管理层面是集工程理论与决策、规划与设计、组织与协调、建设与实施、运行与评价、更新与优化为一体的工程管理方法论；哲学层面是工程效益、自然效益、环境效益和社会效益的管理体系。哲学层面是工程与自然、科技、工业、经济和环境相结合的整体工程概念。主要有以下几个特点：

(1) 打破矿山分治格局

如果同一企业的不同矿山分别开发，会导致矿山开发效率低，规模小，无法实现资源共享。将独立矿山开发纳入大矿区联合开发，进行协调开发、结构调整，可以形成规模经济，降低开发成本，提高生产效率和资源利用率。选矿由多矿种向单一矿种转变，可减少选矿系统建设，节约工程投资，同时提高质量和生产效率。加强厂际联动，将独立的采矿、选矿和冶金厂转变为联合设厂，消除厂际利益竞争，提高整体效益。

(2) 多产品联动优化矿产质量，提高利用效率

如果以质量为决策变量，建立质量效益分析模型和质量效用指标评价工具，对系统中的关键环节进行定量分析，开发多产品联动优化系统，系统的工作方式是相互关联的，即勘查系统根据勘查类型和质量分别采矿；提取和分配系统分别提取和运输矿物；分配系统预选和减少杂质，并在网络中分配；加工和选冶系统以不同方式分离矿物，提高质量，降低成本，提高提取效率。该系统相互依存运行，即勘探和生产系统根据勘探类型和质量开采矿物；采矿和分销系统分别开采和运输矿物；分销系统预选和减少杂质，网络化配矿；选冶系统以不同方式分离矿物，提高质量，降低成本，扩大规模，使系统处于最佳状态，最大限度地提高整体效益。

(3) 注重技术创新，为创建工程系统提供技术支撑

从先进技术转向系统价值，注重集成导向创新，优化整合各类专有技术，攻克开发技术瓶颈，为自主开发提供强有力的技术支撑。

(二) 绿色技术模式

绿色技术模式是一种以绿色技术为主要手段，实现资源高效集约开

采和最大限度保护环境，以达到资源与环境相协调的矿业发展模式。绿色技术模式的实质是利用绿色技术对矿产进行环境友好型开采，其特点是最大限度地减少采矿对环境和其他资源的负面影响。

“绿色开采”的科学解释是循环经济和可持续发展中的“资源与环境的协调”。实施绿色开采的关键是绿色开采技术的应用。以煤炭资源开采为例，绿色开采技术主要包括回填开采技术、节水开采技术、清洁生产技术、无废料生产技术等。

近年来，充填开采技术得到了广泛应用。该技术具有矿石回收率高、贫化率低、采矿和选矿综合经济效益好、减少尾矿征地费用、改善采矿环境、防止土壤塌陷等优点。该技术可大幅节约土地，减少环境污染，做到“矿石不出坑”“尾矿砂零排放”，减少废石堆和尾矿库面积，降低征地成本和环境污染。同时，也减少了矸石堆放在地表造成的环境污染，实现了“少花钱，多出矿”的目标。磷化工行业中的自密实回填土技术大大提高了矿物开采率，减少了损耗，并确保了磷化工行业全废料自胶凝充填采矿技术大幅度提高矿业开采资源回收率，降低贫化率的同时实现了磷化工企业的无废害排放和废水循环利用。黑色金属行业分段空场嗣后充填采矿法：实现地表不塌陷，利用尾砂充填采空区，减少了尾砂占地，有利于保护和改善生态环境。

采矿过程中保水开采技术实质是控制导水裂隙带发育高度和底板破坏深度，做到不与含水层沟通，不对水资源进行综合利用。作为一种新型的绿色开采技术，煤炭开采过程中的节水开采技术不仅可以提高采矿的质量和效率，减少对地表水和地下水资源的污染，增加经济效益，还可以实现环境效益。

此外，还有绿色选冶技术和低品位矿开采技术。绿色选冶技术是指在选矿过程中，为提高伴生矿、难选矿和尾矿中可利用成分的回收而开发的技术，它不仅可以节约资源，还能为企业带来显著的经济效益。该技术包括伴生矿利用技术和低品位矿提取技术。低品位矿体是矿山资源中不具备经济开采价值的矿产。矿山企业积极开展技术创新，应用先进技术和装备，建成新的开采系统，降低生产成本，使这些低品位资源有了不同程度的利用。我国低品位矿产多、贫矿多，低品位矿产资源高效利用模式对增加矿山可利用的资源储量、延长矿山服务年限、提高矿产资源经济效益具有十分重要的意义。

（三）生态复垦模式

生态复垦模式是利用生态复垦技术恢复采矿破坏的生态环境和土地的一系列过程和方法，使矿区与周围的自然环境相协调，或使其符合新的目标。其目的是尽可能恢复受损土地和矿区周围环境的原貌或价值。

对于不同的矿山活动区域，选择的生态恢复模式也应有所不同。根据恢复对象的不同，主要分为塌陷区、尾矿库（库）、环境污染区、综合功能区等，每种环境恢复都有几种具体的实际工作方法。

1. 塌陷区修复模式

在采矿作业过程中，大量围岩地层和开采出的矿石及废石被堆放，占用和污染了土地。同时，随着开采深度的增加，塌陷区的数量和面积也随之增加，破坏了大量的土地、道路以及居民区。恢复塌陷区的方法多种多样，包括尾矿充填、景观美化和农林业活动等。

常见的塌陷区恢复过程包括：尾矿充填—推平压实—地表覆土—植被种植。如果塌陷是间歇性的，则应持续对塌陷区进行填充，直到塌陷完全结束，之后再用土壤覆盖表面，形成田地。同时，应修建足够的灌溉蓄水池，以防止水土流失，并解决排水问题。土地恢复后，应根据矿区的地理位置和实际市场需求，选择适当的用途，如种植粮食作物和林木或经济作物，发展农业、林业、畜牧业。另外，也可以选择灌浆的方法，废石回填后在表面填土，然后种植适当的作物。

2. 尾矿山（库）生态修复模式

采矿时排放大量废石和尾矿，其中大部分长期露天堆积，损耗土壤资源，破坏矿区自然景观，污染土壤、水体和空气，严重影响矿区及周边群众的生产和生活。综合利用和绿化是一种常见的修复方法。具体来说，综合利用是指最大限度地开发利用尾矿，实现经济效益、社会效益和环境效益的和谐统一。例如，作为水泥搅拌、垃圾发电、垃圾坝、护坡、护水、筑路等材料的废石、废砖、废建筑石料、废砌块等建筑材料，以及疏浚区的骨料、地下充填堵漏材料和地下灭火材料等。尾矿的利用不仅能带来巨大的商业利益，还能带来更大的资源回收效益。尾矿石山通常通过平整后覆盖植被来美化环境，以尽快改善环境，而大型、特大型堆场则可以直接生态化，改造成旅游区和其他功能区。

3. 环境污染区生态修复模式

选冶区是生态环境治理的重灾区，其生产过程中产生的“三废”严重污染环境，而且治理难度大，需要有效选择生物修复方法和环境防治措施。

生物修复法是一种以生物净化为基础，达到减少或不污染环境的处理方法。种植吸收能力强的植物，可以吸收环境中的污染物。土壤中的微生物在环境修复中也发挥着重要作用，比末端污染治理更重要的是控制污染源；环境预防就是在整个开发和使用过程中减少或防止对环境的负面影响，是一种行之有效的方法。

4. 综合功能区生态修复模式

功能区生态综合修复模式是一套方法和实践，旨在通过创建生态园、度假村、矿山公园和其他功能区，实现环境、经济和社会效益的综合统一。在治理过程中，应根据治理对象的具体情况选择合适的方法。对于距离城市较近、交通较为便利的矿山，可以通过在管理区域内削坡、减坡、平整和清理废弃土地、复垦和植被重建、绿化和维护等方式，打造各具特色的生态园林。

对于远离居住区或位于农村地区的矿区，可利用独特的自然景观和农业优势，创建集生产、旅游、娱乐和休闲于一体的有机农场。对于独特的矿区等，可以通过建立矿山公园来进行保护和管理，在生态管理的同时，提供旅游资源，体现教育功能和研究价值。在矿山生态恢复、防止水土流失和周边土地喷砂、消除空气和水污染的基础上，建立综合功能区，不仅能改善与恢复矿区的自然生态环境，还增加了旅游资源，能促进区域旅游经济的发展，进而产生良好的生态效益和经济效益。

(四) 社区和谐模式

社区和谐模式是矿业企业在发展过程中，实现矿业企业与周边社区的和谐，促进矿业与区域经济发展、矿业发展与环境保护的和谐发展，在“经济共赢、环境改善、文化交流、情感交融”的和谐社区原则下，充分实现矿业企业的社会责任。

在构建和谐社区的过程中，不同的企业都有各具特色的研究和诠释，其中最具代表性的有以解决社会问题为核心的定向安置拆迁户建房方法。

大多数矿村位于城市郊区或城市周边的行政区域，往往面临着建筑设施老化、住房拥挤、缺乏便利设施和环境条件差等问题。与上述问题密切相关的是，工人居住区的社会矛盾较多，地方执法部门难以解决。如果我们想解决矿区乡镇的这些问题，改善环境是一个非常现实且有效的途径。

以解决社会问题为主要目的的定向安置房建设模式，是指针对矿区工人村的建筑设施老化、居住拥挤、设施不全、环境差、低密度等问题，以改善工人村居民的居住条件、居住环境和生活质量为目的，将工人村的原地重建，并将人们生活所需的各项配套设施（包括公共厕所、居民广场、健身器材等）逐步完善到位，同时合理规划商业街，为居民生活提供更多便利。通过合理规划商业街区，逐步实现现代化，方便居民生活。矿区村庄的整体改造需要大量的人力、物力和资金，面临诸多挑战，需要政府和社区的大力支持，如建设和拆迁资金来源、居民安置等。政府可以引入开发商，并与其他相关职能机构合作，支持安置住房建设。建设前要进行科学规划，建设中要进行监督管理，竣工后要严格验收，确保安置住房的质量。

(五) 循环经济园区模式

循环经济的园区模式包括：通过物流或其他传输手段，在物流和能流领域，将平面和垂直方向上相对独立的矿山系统地联系起来，在企业、产业和生产区之间形成循环型产业集群，并通过合理的产业组织，将集群内的经济和社会活动组织为一系列“资源—产品—废物—再生资源”形式的反馈过程，促进废弃物交换和资源综合利用，实现生产过程中污染物的低排放甚至“零排放”。促进各企业、各部门充分利用资源，实现经济效益和环境效益的协调统一。该模式具有以下几个特点。

1. 整体半开放式和局部封闭式的能量流动和物质循环

以矿山为中心建设区域循环经济。将多个矿山及周边社区和环境视为一个大系统，将多个矿山视为这个大系统的组成部分，通过将矿山生产过程中产生的物质和能源融入周边社区和自然环境的物质和能源循环中来应对挑战。在采矿和生产过程中，矿山产生的固体废弃物作为一种资源被释放到周边社区和环境中，从而将废弃物转化为资源。同时，生态系统的建立应被视为大系统可持续发展的先决条件，环境保护应得到与生产发展同等的重视。

2. 产业横向共生，资源纵向互联

优化矿区产业结构和布局，促进各产业横向互联，逐步降低初级资源加工产品比重，促进产业链纵向化、网络化发展；建立资源开采、基础产品、精深优质产品、功能产品多层次联合开发模式，实现相关企业内外部资源的联动、拓展和整合。根据主导产业链，按照产业链的“加环”结构（生产环、利润环、降耗环、组合环）和产业链的“解链”结构，对不同种类的副产品和不同种类的初次资源进行循环利用。根据矿山尾矿生产特点、矿区原料条件和外部环境，在主导产业链的基础上，拓展横向联系的共生产业链。

3. 环保优先

严格遵循“在保护中开发，在开发中保护”的矿产资源开发利用总原则，发展绿色开采技术，控制和减少污染物排放，减少废弃物排放，消除或最大限度减少对矿区生态环境的破坏，有效解决资源开采与环境保护的矛盾。开发新的技术工艺，减少生产用水量；开发无废或低废技术工艺，最大限度地减少废弃物的产生；充分利用矿山废弃物，对其进行无害化处理和处置。注重绿化美化生态环境，切实加大绿化投入，提高绿化质量。

这种模式提高了企业建设绿色矿山的积极性和主动性，使绿色矿山建设成为企业发展的内生动力。矿山企业通过经营绿色矿山，建设区域性循环经济，不仅取得了显著的环境效益，也获得了可观的经济效益。显著的环境效益和经济效益促使矿山企业把提高资源利用效率、保护环境、促进矿地和谐的外在要求转化为企业发展的内在动力，自觉承担起资源高效集约利用、节能减排、环境恢复治理、土地复垦和促进当地经济社会发展的企业责任。

循环经济以资源的不断循环利用为基础，是促进矿产资源充分利用的有效途径。特别是对于煤炭行业来讲，可以有效提高其发展水平。大型煤炭企业积极建设循环经济园区，发挥集聚效应，推动绿色矿山建设和产业集约化发展。以大同煤矿集团、开滦矿业集团、淮北矿业集团为代表的大型煤炭企业，按照产业集聚化、用地集约化、园区规模化、基础配套化的发展模式，探索煤焦化发展之路。

三、企业绿色矿山发展水平提升路径

(一) 管理创新驱动路径

1. 制定促进创新的管理制度

第一，加强管理制度促进创新。企业创新是管理创新活动的企业保障。矿山企业需要建立专门的管理部门，专门负责矿山管理制度的创新建设，整合协调矿山管理制度建设过程中相关专项规章制度的建立、协调和完善，同时进一步加强和完善矿山管理规章制度在运行、监督等过程中的协调性是十分必要的。其次，矿山企业在制定公司管理制度、运营制度等具体制度的过程中，要时刻注意具体制度与长远发展规划和管理理念应相互协调。特别是要加强对创新活动的保护和促进，在可能的情况下建立相应的保护制度，使全体员工都能参与到公司管理的创新活动中来。在建立管理制度时，要特别注意将管理创新活动成果的评价与激励挂钩，严格考核，确保管理创新活动落到实处。还要注意对创新成果进行奖励，通过激励环节鼓励员工积极参与矿山企业管理创新活动。

2. 为企业创新打造人才队伍

为实现企业发展和创新，企业需要建立前沿的人才发展计划。这意味着企业应致力于打造一支既能有效开展管理活动，又能积极适应激烈市场竞争的高端人才队伍。这支队伍是企业未来推动管理转型、提升发展水平和质量的重要力量。为了打造这样一支优秀的人才队伍，企业首先要健全矿山企业在人才发现、引进、选拔、使用和培养方面的机制，完善人才在企业结构中的分布和相应的知识结构，进一步加大优秀人才的引进力度。可以在企业内部建立高水平的专项实验室，组建企业内部的科研团队，设立相应的项目研究基金，充分利用企业的特殊拔尖人才，促进企业生产水平的提高。其次，企业要转变人才培养方向，努力培养全面发展的新型综合型人才。要出台各种激励措施，如为优秀人才提供一定的股份，提高优秀人才的劳动待遇等，增强企业对优秀人才的吸引力。企业内部人才也应主动自觉地提高自身的综合能力，促使人才转型。

3. 营造管理创新的文化氛围

企业应营造鼓励全员创新的企业文化氛围。营造一种全员主动参与创新活动的文化氛围，鼓励每一位员工在可能的情况下主动参与创新活动，调动每一位员工参与创新活动的积极性，将是促进企业管理创新目标顺利实现的重要推动力。为了推动矿业创新文化建设，矿业企业应重点做好以下几个方面的工作。第一，加强企业文化内容建设，编制本企业的《企业创新文化手册》，展示本企业在创新管理方面取得的成果。第二，创建企业文化宣传渠道，在企业现有宣传渠道的基础上，探索和创建新的宣传渠道，充分利用互联网技术，积极发挥媒体的作用。第三，推进企业文化体系建设，进一步完善企业文化发展规划、企业文化建设成果评价体系。根据矿山企业自身的特点和所在地区的具体情况，寻找适合矿山自身的文化融合途径。

(二) 生态恢复路径

采矿过程可能会对当地的地质条件和生态环境造成不利影响甚至破坏。在经济发展初期，企业朝着积极开采矿产资源的方向发展，忽视了对自然生态环境的保护和恢复，对矿区的土壤和自然生态环境造成了严重破坏，导致滑坡、崩塌、水土流失等地质灾害，同时由于乱采滥挖和过度开采，对地下水也造成了破坏。不合理地采矿也对地下水也造成了破坏。因此，深入研究生态修复和矿山治理问题，努力减少资源消耗、降低开采成本、减少污染物排放、减少生态环境影响，高效利用资源，尊重自然生态，保护和重建公园生态景观，努力实现矿山企业的生态修复和可持续发展，具有十分重要的意义。这些工作意义重大。

1. 从概念层面推动生态系统恢复

思想是行动的先导。要提高生态系统修复的有效性，必须从理念层面入手，提出生态系统发展理念，为生态系统修复与管理提供相应的指导。矿山企业作为资源、经济和环境系统中最重要的基本单元，是生态经济、循环经济和绿色经济建设中最重要的关键机构和环节，在推动生态修复工作中发挥着十分重要的作用。也就是说，矿山企业要改变只注重传统经济效益而忽视自然生态环境的经营理念，强化自身的生态责任和自我管理，承担起矿山生态修复的主体责任。矿山企业在日常经营活动中，要始终坚持矿产资源开发与生态环境修复并举，自觉主动地致力于生态修复。矿山企业在矿山生产过程中，要始终承担起法律义务和社会责任。坚持“边开发、边保护、边恢复”原则。

2. 生态恢复要遵循基本原则

矿山企业应按照生态恢复的基本原则进行土地复垦和生态恢复。坚持因地制宜的原则，矿山企业在进行土地复垦和生态恢复过程中，应依据当地土壤和生态的具体情况，确定土地复垦和生态恢复的方向，有条件的应优先进行农用地复垦。坚持全面系统的生态修复原则，在生态修复过程中，既要考虑当地的自然因素，又要考虑当地的社会因素。既要考虑当地的地质地貌，又要考虑当地的耕作方式、产业政策等生态修复的方方面面。坚持可持续利用原则，土地整理和生态修复始终是生态修复过程中的推动力，因为它是关系到土地循环利用和长期利用的大事。

3. 提高矿业企业的科技水平

矿山企业应引进先进技术，加大技术改造投入，更新技术装备。积极提高资源利用效率，加强安全生产，减少生产对环境的污染，开发环境保护和清洁技术。有实力的大型矿山应更进一步，开始建立自己的矿业技术开发体系，可以成立自己的研究机构，筹集研发资金。矿山企业可以与相关科研院所合作，推进产教融合，依托科研院所积极提升和完善矿山自身的科技水平，完成技术升级改造。矿山企业应引进数字化设备，提高矿山设备的科技含量水平，使矿山的科技发展向信息化、现代化、自动化方向转变。

（三）社区凝聚与共同创造

矿业社区是受到矿业企业开发的影响，并且资源利用与矿业企业联系相对密切的区域和群体，是主流社区中的一种资源型社区。一般来说，矿业企业与矿业社区在地理位置上比较接近，矿业企业多分布在村镇，因此矿业社区多为农村地区，少部分矿业社区在以矿业为主的工业城市的辖区。矿业社区不仅是一个地域范畴，更是一种社会关系，这就要求矿业社区作为一个整体要打破地域分割。矿山社区建设是指以矿山企业为中心，联系社区内的居民，合理分配社区资源，发展社区的经济水平，改善社区的生态环境，促进社区居民生活状态的提升。矿业社区建设是一个十分复杂的工程，在建设过程中不可避免会出现诸多的问题，而矿山企业与社区民众的协商合作则是解决矿山社区建设问题的有效方式。

1. 矿业公司承担保护矿业社区的责任

矿业社区因矿业的存在而具有特殊性，这充分体现了矿业企业的重要作用。鉴于矿山企业的重要作用，矿山企业应主动承担起促进矿区发展的责任。矿山企业的生产经营不可避免地会对社区的环境、资源、居住等产生负面影响，即在矿山开采和开发过程中容易产生负外部性，因为社会除了承担矿山企业的经济成本外，还承担了额外的成本。矿山企业的建设和开发需要最基本的生产要素，如土地、劳动力等，而这些要素的获取通常采用就近原则，即直接从社区获取，而社区的资源总量是一定的，所以矿山企业的开发必然会占用社区居民的资源，影响社区居民的生活水平和支出。矿山企业的这些负面影响并不会自动内化为采掘业的成本，而是转化为“社会成本”。因此，矿山企业在建设过程中要尊重社区居民的利益，矿山企业的生产活动要自觉接受矿山社区生活和建设的约束，自身的生产活动要自觉控制在合理的操作范围内，自觉限制和承担因自身采矿而产生的“社会成本”，主动承担因自身发展而必须承担的“社会责任”，建设好矿业社区。

2. 居民积极参与矿山建设

社区参与矿山的建设和管理，可以更好地保护居民的合法权益，有利于矿山的控制和维护，自觉改善当地的环境状况，更好地促进社区的和谐与可持续发展。矿山管理者和社区居民应认识到社区参与矿山管理的积极作用，认识到矿山与社区整体建设的重要性，企业的经营生产活动与居民日常生活相互交织、相互作用，为居民参与矿山生产经营管理提供了现实基础和条件。社区参与也是大势所趋，当前企业正在积极营造开放、包容的企业文化潮流，居民的积极参与也有助于更好地建设矿山企业文化。社区居民往往对矿区周边的环境和地质条件比较了解，公民参与可以为企业的生产经营提供有效的对策和建议，有助于提高企业管理决策的效率。此外，居民参与可以加强其与矿山企业的沟通，充分了解双方面临的困难，通过共同协商解决，有助于制定一致有效的管理决策。当地居民参与到矿山建设中不仅可以直接维护和实现自身合理诉求，同时也能改善以往企业单方面进行决策的片面性，有利于矿山社区更加科学、高效、和谐发展。

3. 社区磋商基本原则

矿业企业与社区要想进行科学、高效的磋商工作，就要遵循一些磋商的基本准则和要求。首先，要对于矿区内的不同群体，无论群体的势力大小，企业均应该公平对待，不能区别对待造成社区群体之间的矛盾。其次，企业对于社区要坦诚对待，矿山企业应该将自身经营会对社区造成的影响和存在的问题如实地告知社区群众，不应当有所隐瞒，这是维持与社区持续发展的基础。企业要积极尽力保证社区居民的切身利益，真诚地关心居民的切身利益，要想社区居民之所想，只有真心关心社区居民利益，才能赢得社区居民真诚的协作。再次，在充分考虑社区居民合理诉求的基础上，应当坚持法律准则，对于社区居民提出的不合理要求，应当予以拒绝，要依据法律准则有效地保护企业利益。最后企业要切实地兑现自己所做的保证，对于做出的保证要严格地予以执行，如果没有进行有效执行，社区居民就会丧失对于企业的信心，社区磋商也就无法顺利进行。

4. 社区磋商的具体实现

社区磋商不是一次性活动，企业在生产经营过程中会不断地遇到新的问题，对于新发现的问题，矿山和社区就要进行新一轮的磋商寻求解决方案。因此磋商活动是一个伴随企业生产活动的一个长期的周期性活动。矿山企业要与社区磋商，应当多进行走访、调研，深入到矿山居民的日常生活中了解矿山居民的困难和要求，并根据社区居民的具体需求和期望制定具体的矿山管理制度。进行具体的磋商之前企业应该进行充分的准备，整理好相关材料，并告知要进行磋商的各方代表磋商活动的具体内容，并让各方代表实地了解磋商内容对应的具体问题。磋商活动和结果必须签订具有法律效力的书面协议或承诺书等文件，做出切实的具有法律效力的承诺，以保障协商结果的实现。在平时要加大宣传力度，向社区单位发放矿山资料和相关的法律文件，通过向社区居民发放矿山资料和组织社区居民进行集中学习，可以帮助和提高社区居民对矿山企业的了解，也有利于居民了解相关的法律法规，树立居民的法律意识，这也有助于接下来的磋商工作的顺利展开。矿山企业应该和社区居民加强联系，多进行一些矿山和社区联合举办的活动，这有利于进一步加强企业和居民的融合，增进彼此的认同感，为磋商活动营造一种良好的社会氛围。

5. 矿山企业与社区相互协作

矿山社区是社区类型的一种，自然就具有一般社区所具有的社会属性，但矿山社区又有其自身的特殊性。矿山企业是在一定区域进行生产和生活的法人单位，和矿区内的居民和群体相互融合，相互影响。矿山企业建设初期要进行规模较大的基础设施建设，而这一过程也会提高社区的基础设施建设水平，会提升社区居民的生活水平和便利程度，为社区创造就业岗位，以及提供培训、再教育等方面的支持，促进社区文化水平提升。社区同样为矿山的经营开发提供条件和支持，社区可以为矿山企业提供劳动力，以及基础的生活服务等，可以提高矿山企业员工的生活条件，以及为矿山企业提供公共秩序和安全条件等。矿山企业的进入和发展打破了社区的单一产业格局，促进了农村地区产业结构调整，因此矿山企业与社区应该有机地结合成一个相互协作、相互依存、和谐共生的有机整体，共同建设和谐的矿山社区。

(四) 大力发展循环经济路径

矿山企业发展循环经济，可以在有效减少环境恶化的同时，提高资源综合利用水平，使经济效益、社会效益和环境效益相统一，解决或缓解矿业开发与资源自身造成的生态系统之间的矛盾。在促进经济发展和保护环境的双重要求下，发展循环经济已成为矿山企业的必然选择。

1. 树立循环经济发展的理念

首先，要明确循环经济发展的理念。以发展循环经济为目标的矿山企业需要转变发展观念，学习和了解循环经济。循环经济发展的方式不同于传统的从资源投入到产出端的发展方式，它是资源循环利用的环形经济发展的方式，是对传统生产模式的颠覆。因此，企业进行循环经济发展需要转变发展思路，从基本概念上引入循环经济发展理念。只有树立循环经济发展理念，才能切实发展循环经济。其次，要倡导循环经济发展理念，形成企业文化。企业文化是一个完整企业的重要组成部分，是企业日常生产经营过程中通过价值判断、发展观念和社会责任意识的综合贯彻，并在工作过程中表现出来。企业文化对企业发展的促进作用是无形的，但作用却是巨大的。矿山企业要把发展循环经济作为企业文化的核心，在企业发展和实施循环经济中发挥无形的巨大推动作用。

2. 加强技术创新，完善科技支撑

循环经济是高新技术型经济。发展循环经济需要更加高效、优质的科技支撑。首先，要在企业内部积极发展自己的生产技术，更新和完善自己的生产设备。同时，要积极加强对外交流，积极引进和学习更加先进的技术和设备，尤其是在各工序的生产模式上，对生产设备进行改进和升级。淘汰落后的生产方式和设备，提高矿山企业的整体技术水平。要扩大技术研究范围，积极拓展生产链条，确保资源的充分利用。通过改进生产方式，提升技术装备水平，节约开采和加工成本，提高资源综合利用水平，增强资源再利用能力。

3. 加强与其他矿山的分工协作，在矿业领域推行循环发展

矿山企业可以联合建立绿色工业园区，实现相互分工协作。建设矿山生态工业园区是实现矿业循环发展的主要途径之一，适合矿山类型多、分布相对密集的地区。不同类型矿山密集区、不同产业相互关联、相互融合是矿业生态工业园区建设的基础。建设矿业生态工业园区应注意以下几个方面。

(1) 园区选址

在建立矿山生态园的过程中，可将矿山生态园的整体规划和选址重点放在矿山行业中综合实力最强、经济效益最好的矿山企业。

(2) 建立管理机构

联合设立综合管理机构，对园区内的矿山企业和矿产资源进行重新规划。矿区内的矿山企业可以共同建设公共基础设施，从而有效避免重复建设，在公共基础设施的基础上，各矿山可以根据自身需要建设相关设施。在矿业园区层面，要对矿山企业的采掘资源和对外活动进行规划，如依托园区对外进行能源供应，与外部产业联合生产等。

(3) 加强与其他矿业企业的分工协作

园区内的矿山企业可以通过园区建设，加强区域内矿山之间的联

系，进一步拓展矿业产业园区层面的产业链。不同矿种的矿山企业由于长期经营该矿种，和其他矿山相比具有该矿种生产加工的经验，因此不同的矿山之间有各自的比较优势，存在优势互补。因此，各矿山应积极提高自身的比较优势，相互合作，深化矿山层面的分工协作，有利于区域内矿山整体效益的提高，确保区域内资源得到最有效的利用。

4. 密切与外部部门的联系，扩大循环经济发展范围

矿产资源基础构成的复杂性决定了矿产资源利用的多样性，同时，矿产资源利用的多样性决定了矿业影响的广泛性，矿业对建材业、冶金业等行业都有重大影响。因此，矿山企业在自身发展的同时，要注意矿山相关产业与其他产业进行联系和有机结合，扩大矿山企业的活动范围和发展空间。矿山企业内部的循环经济具有一定的局限性，不能单靠企业自身来完全实现资源加工，因此矿山企业应该积极主动地寻求同外部产业的联合，与外部产业之间形成优势互补，扩大资源加工范围。矿山企业与外部产业将形成一个循环经济网络，资源可以在整个网络中循环利用，使废弃物得到进一步回收，进一步提高资源综合利用水平。同时，整个产业网络可以保证分工更加合理，有利于降低加工成本，提高生产效率。

5. 鼓励废物处理企业化

建立矿山废弃物共同处理机制，促进尾矿处理商业化。区域内的小型矿山可以对废弃物进行集中处理，采取合作或分工的方式进行废弃物处理。合作是指小型矿山企业可以在矿区建立废弃物处理中心，并从产生的废弃物中获利。废弃物处理中心可以在对采矿生产产生的废弃物进行统一集中处理后，进行废弃物处理工艺的研究和技术改进。分工合作的方式意味着每个矿山的比较优势都能得到充分发挥，而不是建立一个集中的尾矿处理中心。由于矿山加工不同类型的矿物，它们处理不同废弃物的能力也不同，这就为矿业企业管理某些类型的废弃物创造了优势。所谓分工，就是将矿业中不同类型的废弃物进行分类，并重新分配给处理成本低、回收率高的矿业公司，由其专门处理这些废弃物。在实际执行过程中，矿区内的企业可以压低废弃物的价格，每个矿区可以收

购其他矿区产生的、自己能够处理的废弃物，进行回收和处理。

第二节　我国绿色矿山发展长效机制

一、绿色矿山发展驱动因素分析

（一）政府管制因素的理论分析

管制是指政府的许多行政机构，以治理市场失灵为己任，以法律为依据，以大量颁布法律、法规、规章、命令及裁决为手段，对微观经济主体（主要是企业）的不完全是公正的市场交易行为进行直接的控制或干预。

从政府管制的行为方式和过程来看，政府监管可分为直接管制和间接管制两种。直接管制是指政府部门根据现有法律法规直接管理企业的行为，而间接管制则依赖于法律程序等对企业行为的间接管理。其中直接管制又分为经济管制和社会管制。经济管制主要用于纠正垄断和不当竞争等市场失灵问题，而社会管制主要用于环境破坏和污染、消费者权益侵犯等问题。然而，需要明确的是，政府管制并不是纠正市场失灵的灵丹妙药，政府管制也可能导致资源配置无效，即政府管制失灵。国家资源环境监管主要是指政府的社会管制，直接管辖企业的经济活动，以现有的资源环境保护法律法规为基础，主要包括命令控制型资源环境管制和基于市场机制的资源环境管制。该命令所控制的资源和环境法规是指通过行政安排对企业的生产活动进行管理，例如规定企业中的污染物总量不得超过某一限额、行政处罚、设备淘汰限定标准等。命令控制型资源环境管制是最早的资源和环境监管类型，但由于其强制性，并且没有考虑到公司建设绿色矿山的能力，这种监管会给公司带来很大压力。这将增加绿色矿山产能较差的公司的压力，而绿色矿山产能较强的公司将无法获得足够的激励措施来将排放量降至较低水平。尽管命令控制型资源环境管制存在一定的不足，但由于其操作简单，它仍然是资源和环境管理领域的重要工具，特别是在控制有毒废弃物等有害污染物方面，具有其他方法无法比拟的优势。基于市场机制的资源和环境监管是指政府制定的管理和激励企业自觉节约资源和保护环境的措施，如可交易的污染许可证制度、环境税、碳税、补贴、存款制度等。与命令控制型资源环境管制手段相比，基于市场的资源和环境管制不是强制性的，用于监管和干预企业的生产活动，而是主要通过使用市场信息或价格信号，影响和鼓励企业选择有利于环境保护和资源节约的生产措施，实现利润最大化，使企业在实现经济效益的同时提高环境效益。以市场为基础的资源和环境监管更加灵活，有利于企业从被动遵守环境法规过渡到主动采取环境行为，这是对强制性政策的补充，从而与命令控制型资源环境管制共同发挥作用。

（二）公众监督因素的理论分析

公众参与和监督是公民、法人和其他组织依照法律法规的规定，直接或间接参与和监督行政管理中的行政立法、行政执法等活动，是旨在影响经济社会、公共决策和社会生活等一切活动以及公民基本权利的主体。从公众参与行政治理的角度看，公众参与和监督包括立法活动、政策制定和政策执行的整个行政治理过程，即：立法审议等立法决策过程中的公众参与和监督、公共政策制定等治理过程中的公众参与和对政府的监督、公共行政管理等治理过程中的公众参与和自下而上的监督。我国常见的公众参与形式包括公示、信息共享、咨询、参与、合作、听证等。信息公开、利益相关者参与、意见反馈等是确保公众参与和监督顺利进行的必要条件，公众参与和监督的形式应具有广泛性和多样性的特点。

（三）绿色开采技术因素的理论分析

绿色开采的核心是技术。科学技术是第一生产力，技术变革往往是推动产业快速发展，甚至引起社会变革的动力。在技术变革的推动下，工业革命促进了整个人类社会的发展，让人们从农耕时代进入工业时代，再到现在的信息时代。技术进步往往伴随着劳动分工，机械设备的发明和使用也是由劳动分工引起的。工人的能力和机械设备的使用是技术进步的外在表现。也就是说，分工促进了技术水平的提高，而技术水平的提高又导致了生产效率的提高。同样，现代技术创新理论的代表人物熊彼特详细考察了技术与经济发展的关系，强调了技术在经济发展过程中的重要作用，并首次从技术与经济的关系角度提出了“创新”一词，指出“创新”是经济增长和发展的关键，是经济增长和发展的动力。因此，在当前积极推进绿色经济的背景下，发展绿色采矿技术至关重要。

环境法规实施后，企业将从长远角度进行绿色技术创新，提高产品的绿色附加值，提高价格、利润，增加企业的经济效益，同时提高资源的整体利用率，保护生态环境，实现经济效益和生态效益的协调统一。

因此，如果没有绿色采矿技术的支持，企业就无法实现绿色采矿技术。企业可以从以下几个方面发展绿色采矿技术，以影响其绿色采矿技术：首先，企业可以发展绿色采矿工艺，开发新的、更环保、更高效的研究设备，从企业发展之初就实现绿色化；其次，绿色加工技术改进了生产工艺，企业可以引入新的生产技术，以确保企业生产和加工过程的绿色性，减少对环境的影响；最后，企业可以发展循环节能技术，发展循环经济是企业在未来实现绿色发展的主要途径，积极发展循环利用的科学技术，以及消耗能源更少的节能技术，可以促进企业在未来的发展过程中实现循环绿色发展和低能源消耗的高效可持续发展。

（四）企业绿色氛围因素的理论分析

绿色企业氛围包括对外的企业社会责任和对内的绿色企业文化。随着社会经济环境的不断变化，人们对企业责任的认识也在不断深化和发展，人们以前对企业责任的认识比较片面，认为企业的唯一责任就是为社会创造财富以获取利润，即以营利为企业责任的目的，后来随着经济的发展，对企业责任的更高级的认识正在出现。人们认识到企业除了营利之外，还要承担一定的社会责任，如在创造就业岗位、减少失业等方面做出自己的贡献。随着法治建设和绿色经济的发展，人们越来越意识到，企业必须更全面地承担更多的社会责任，同时还要承担相关的法律义务、环境维护和恢复义务等责任。对企业责任的理解也从企业单方面的经营责任发展到更加全面的责任。建立企业绿色文化主要有两方面内容，一是要转变企业领导层的发展理念，企业要建设绿色发展文化，首先要改变原有的片面单一的发展方向，这种改变首先要从领导层开始，落实到企业领导层发展理念的转变上，在领导层中树立绿色发展的理念。通过领导层发展理念的转变，为企业构建绿色发展文化奠定宏观基础。二是企业人员自下而上地需要绿色矿山环境，企业人员作为企业的主体，企业人员对于绿色矿山环境的需要必然会推动企业绿色生产建设的步伐，促进企业绿色文化的形成和发展，企业人员对于绿色矿山建设的需要会为企业绿色文化提供群众基础。

主动承担社会责任的企业与追求环境发展的企业并不冲突，它们之间是相辅相成的关系。任何企业的发展都需要规范、顺畅、公平的市场环境，企业主动承担法律、环境等社会责任，有助于维护法治、规范的市场环境，有助于为企业发展创造条件。同时，企业主动承担社会责任，有利于增强企业的社会认同感，从而提高企业的认可度，有利于提高企业的市场占有率。对于矿山企业来说，承担社会责任最直接的方式就是对所在矿区的矿山社区进行建设，矿山社区受企业生产加工的影响最为直接也最为剧烈，企业应当主动地承担起矿山社区生态环境建设和保护的责任，积极发展绿色矿山建设减少对矿山社区的生活和生态影响。同时，社区也可以反过来督促企业绿色矿山的建设。这样在整个社会层面和社区层面所形成的绿色氛围就会对企业绿色矿山建设产生影响。企业的发展方向直接受到企业管理层决策的直接影响，因而企业管理者转变发展思路，树立绿色发展理念，就会在企业的发展宏观方向上直接影响企业的生产，会促使企业向绿色矿山建设的方向进行转变。企业员工对于绿色矿山建设环境的需要也会直接影响企业的绿色矿山建设建设，员工处于企业生产的一线，对于企业实行绿色矿山建设的感受最为深刻需求也最为迫切，企业员工绿色矿山建设的需要，会促使甚至迫使企业管理者进行绿色矿山建设的改革。即企业通过在企业内形成绿色发展文化，对外积极承担社会责任积极地在企业内和社会间构建一种绿色发展的氛围，这种发展氛围会形成一种无形的力量进而促进企业绿色矿山建设的发展。

（五）绿色矿山发展驱动因素作用机理

绿色矿业的驱动因素主要有政府管理因素、公众监管因素、环境技术因素和环境氛围因素，其中政府管理因素和公众监管因素属于外部驱动因素。政府因素主要是指政府通过实施绿色矿山建设相关政策，提高准入门槛、制定排放标准、征收环境税和罚款来进行负外部性管理，同时通过财政政策、税收减免和补贴等进行激励。国内驱动力是绿色开采技术和绿色氛围。绿色开采技术鼓励矿山企业建设绿色矿山，通过增加产品绿色附加值、提高资源综合利用率、减少污染物排放等方式，实现经济效益和环境效益的协调；绿色氛围则通过绿色发展理念和绿色文化，鼓励企业从投产之初就建设绿色矿山。

二、绿色矿山发展长效机制总体框架分析

（一）绿色矿山发展长效机制构建思路

基于“现状调查—分析存在主要问题—原因分析—解决方案”的主线，依据绿色矿山发展关键影响因素作用机理，构建绿色矿山发展长效机制。首先结合绿色矿山建设相关政策措施，对绿色矿山发展现状进行定性分析和定量分析，在此基础上，发现绿色矿山建设存在的问题，最后根据绿色矿山发展关键影响因素作用机理，提出加强激励监管、创新管理手段，构建绿色矿山建设长效机制。

（二）绿色矿山发展长效机制总体框架

本书基于绿色矿山发展长效机制，构建了绿色矿山发展长效机制的总体框架。绿色矿山发展长效机制包括评价机制、激励机制、监管机制、协作机制、保障机制五大机制。通过评价机制发现矿山企业及其政府政策和制度存在的问题和不足，并深入分析这些问题和不足产生的原因，为有针对性地制定政策提供现实依据。然后，通过构建相适应的激励机制和监管机制来督促企业积极进行绿色矿山建设。一方面制定一系列的经济优惠政策或惩罚机制引导或激励企业自觉地进行绿色矿山建设，使企业觉得绿色矿山建设是有经济效益的或是有利的；另一方面还需要制定配套的监管措施，不定时地对矿山企业进行检查，一旦发现企

业没有履行绿色矿山建设的相关义务，就要采取相应的惩罚措施。此外，还需要相应的协作机制和保障机制。绿色矿山建设并不单纯是矿山企业和政府的事情，还需要社会公众、非营利性机构、公益组织的参与，这些机构和单位之间的主要责任及其协调关系需要理顺，并通过充分有效的沟通和信息交流实现绿色矿山建设中主体目标协同与行为协同。同时，制定一系列的政策配套措施以保障绿色矿山建设的长期顺利进行。

三、绿色矿山发展长效机制构建

（一）评价机制

总结国家绿色矿山试点单位评价经验，建立研究评价体系，推动绿色矿山研究评价规范化。研究开发不同行业、区域和规模的评估体系和方法，为制定绿色矿山标准和建立动态监测系统提供支撑，为绿色矿山总体规划和长效机制提供依据。

1．评价主体

为确保评估结果的客观性和科学性，应采用二元主体评价。一是企业单位。一方面，矿山企业是绿色矿山建设的直接载体，其建设活动直接影响绿色矿山的发展水平；同时，企业对自身发展情况较为了解，能够更好地运用评价指标体系和方法对绿色矿山发展水平进行评估。另一方面，企业自评可以减轻政府负担，同时也能让企业意识到自己在改进和提高效率方面的不足之处。因此，企业单位是重要的评估对象之一。二是第三方专业组织。首先，第三方专业组织不是直接的利益相关者，在评估过程中可以保持中立，体现评估结果的公正性和客观性。其次，第三方专业机构通常由高校和科研院所的专家组成，他们具有丰富的评估经验和专业知识，能够保证评估结果的科学性。因此，作为评估方，独立的专业机构可以有效提高评估结果的科学性和客观性，为政府决策提供可靠依据。

2．科学遴选评价指标

评价机制是依据绿色矿山的标准和要求，对矿山企业绿色矿山的九个方面进行评价，衡量矿山企业整体绿色发展水平的一种方法。绿色矿山发展长效机制主要是对绿色矿山各方面进行综合评估，明确绿色矿山建设现状，为长效机制奠定基础。绿色矿山评估机制的实质是科学构建评估指标体系。考核指标的选择尤为重要，不仅要真实反映绿色矿山发展的整体水平，还要反映出发展过程中的薄弱环节。构建能够反映不同类型、不同规模、不同区域的双指标体系，即具有共性和特色的指标体系。矿山绿色建设具有共性，但也因类型不同、规模不同、区域不同等而各具特色，因此在指标的定义上应体现共性和特色，将其凝聚在一起。例如，共性指标包括规范化管理、社区凝聚力、企业文化等，而具体指标如“三率”“三废”排放达标水平等关键指标则可反映绿色矿山发展的一般特征。

3. 合理选取评价方法

评价机制的另一个关键因素是评估方法的选择。合理选择评估方法是评估工作顺利进行的重要基础，与评估结果的科学性密切相关。首先，要根据绿色矿山的实际情况和指标体系的特点，选择合适的评估方法。目前研究中采用的评价方法主要有专家评价法、数据包络分析法、模糊综合评价法、人工神经网络评价法、灰色综合评价法以及一些混合方法，如 AHP＋模糊综合评价法、模糊神经网络评价法等。上述方法各有利弊，应根据具体矿山的实际情况选择合适的评价方法，以保证评价结果的客观性和准确性。同时，还应考虑地区和行业差异。另外，评估方法和指标体系也应根据绿色矿山的发展进行调整。随着绿色矿山发展进程的推进，相应的发展目标和侧重点也将发生变化，评估方法和指标将适应不同时期绿色矿山发展的实际情况，并考虑到地区和行业差异，促使评估体系不断完善。

4. 评价程序

绿色矿山发展水平评估分为两个阶段：企业自评和第三方专业机构核查。现有矿业公司根据是否属于绿色矿山分为绿色矿山、绿色矿山试点单位、既非绿色矿山也非绿色矿山试点单位的一般企业三大类。绿色矿山采取随机抽取的方式。一般企业和绿色矿山试点单位为自评对象。

自评的前提条件是试点企业达到新建矿山规划确定的目标，一般企业达到新建矿山的标准。自评结束后，企业必须向当地政府提交自评报告，由当地政府委托第三方专业机构进行现场勘查和复评。如果自评报告与建设工作一致，达到绿色矿山标准，则根据达标等级进行打分。达到省级绿色矿山标准的，上报省级相关部门，列入省级绿色矿山名录，享受省级相关优惠政策，并接受国家监管。同样，达到市级、区级和国家级标准的，也将成为绿色矿山享受相应的优惠政策。

（二）激励机制

建设绿色矿山需要投入大量人力、物力、财力及其他资源。为了充分调动矿山企业建设绿色矿山的积极性、主动性和创造性，政府应通过财税、金融等政策对矿山企业予以支持。在国家层面，扶持措施主要包括：对绿色矿山建设的专项补贴、资源税和采矿权使用费的减免、对绿色矿山建设的专项资金支持、对绿色矿山用地的优惠政策等。

1. 专项补贴

设立专项基金支持绿色矿山建设。节能减排、科技创新、环境和退化土地生态修复是绿色矿山建设的关键要素，需要大量资金投入。政府可以通过补贴的方式给予支持和鼓励，如对使用绿色矿山技术或先进设备给予补贴，对污染环境或退化土地的生态修复给予补贴，通过补贴降低矿山企业的贡献率，提高矿山企业的积极性。

扩大节能产品政府财政补贴标准。增加具有矿山特色的节能产品比重，并在税收、补贴等政策上给予支持，从而提高矿山科技攻关和节能产品推广应用的积极性。同时，加大对新能源和新型节能产品使用的资金补贴比例。比如，利用太阳能、地热能等都属于绿色资源，对于这些能源的利用，前期投入成本比较高，企业很难自行大面积推广使用，除非政府有政策支持，否则很难推广。

2. 设立绿色矿山发展专项资金

建议财政部设立绿色矿山发展专项基金，支持绿色矿山在设备更新、研发、安全生产、环境治理、棚户区改造、企业社会责任等方面的投资，确保绿色矿山健康可持续发展。发展绿色矿山的专项资金可从财政部门总预算或国家基本建设预算中安排。鼓励地方政府设立绿色矿山发展专项资金。对符合绿色矿山条件的企业，给予特别奖励。此外，专项资金也可以安排部分资金，对绿色矿山企业在技术改造、资源综合利用项目、资源保护和生态治理项目等方面给予扶持。以促进企业从本身绿色矿山建设向全面关注和推进整个绿色矿业的方向发展。

3. 建立促进绿色矿山发展的税费优惠减免支持政策

现有的针对绿色矿山企业的税收优惠政策涉及研发和购买特殊设备等活动，但申请减税的条件非常严格，这使得绿色矿山很难享受研发费用额外加计扣除。此外，企业所得税对购买环保、节能、节水、安全生产设备有优惠政策，可按资本投资额的10%作为税基抵扣。但是，税务机关制定的设备目录范围也比较有限，绿色矿业企业购买的环保、节能、节水、减排等设备大多不在此目录内，因此不能归入税收优惠范围。建议政府结合绿色矿山企业的实际情况，制定相应的税收优惠政策。绿色矿山试点单位可享受减免矿产资源税、矿产资源补偿费和其他相关税费的待遇，但需依法申请并获得批准。采矿税费的减免适用于使用废石和尾矿的矿山，以及使用低品位和难以回收的冶金原料的矿山。

综合利用水平高的矿山可免征资源税；绿色矿业公司提交的环境管理储备金可通过年度付款的形式提前偿还；绿色矿业公司可根据采矿权出让金、废水排放、水土流失等方面的费用按比例获得补贴。

4. 加强绿色矿山建设技术创新，设立绿色矿山技术创新基金

科技是第一生产力，绿色矿山建设是一项复杂的系统工程，需要先进的科学技术作为支撑。第一，改进采矿工艺，开发绿色冶金技术装备，选择典型矿山，采用新的试验研究方法实施绿色矿山建设，在总结经验的基础上制定适合本地区绿色矿山建设的规范和标准。第二，建立基于GIS系统的新型数字化矿山管理模式，通过对矿山数据、地方资源数据、矿区社会经济历史数据的综合分析，因地制宜地对各类矿山进行规划管理，建立绿色发展新模式。第三，加强尾矿（废石）大量利用技术研究，拓展尾矿利用途径，实现尾矿的大规模利用。第四，产学研联合开展矿区环境保护关键技术研究，解决沉陷、废弃尾矿堆积、地表

水和地下水污染、植被破坏等环境生态问题。建议自然资源部设立绿色矿业技术创新研发基金。

5. 特别奖励

各级国土资源和财政主管部门要建立激励机制，对评选出效果显著的绿色矿山给予奖励。每年，自然资源部、财政部会同有关部门，评选出一小部分优秀绿色矿山给予表彰和奖励，发挥了示范引领作用。

6. 资源配置向绿色矿山倾斜

对绿色矿山试点单位，在矿产资源和矿业用地等方面，实行政策倾斜，依法保障矿产资源和土地的优先配置，综合考虑矿产储量和矿区环境承载能力，申请扩大矿业活动规模。

7. 实施差别化激励

从地区分布来看，考虑经济落后地区的地理位置、艰苦地区的条件，需要适当给予补贴；给东部地区政策支持，给中部地区政策与资金相配套，给西北地区提供资金支持。从矿山规模看，政策支持大型矿山，专项资金支持中小型矿山；有条件的大型矿山应按标杆标准严格要求；中小型矿山可适当放宽支持路径，鼓励企业向发达矿山靠拢。在企业类型上，可以向中央企业提出要求，省级重点煤矿出台扶持政策，地方国有企业配套扶持资金，城市煤矿加强思想教育，减免相关税费，增加专项资金用于推进绿色矿山建设。

(三) 监管机制

矿业绿色发展监管机制是为保障矿山企业绿色发展，使政府、企业和矿区群众共享资源开发效益和发展成果而建立的监督管理制度和运行机制。这一监管框架由三部分组成，即监管组织、监管细则和监管手段。建立监管组织，如绿色矿山开发监管机构，负责对绿色矿山建设全过程进行监督管理，化解开发中的矛盾和冲突；监管细则，明确绿色矿山监管的基本准则和各方责任；监管手段，即具体的监管措施和方法，如经济手段、法律手段等。

实施全面的环境审计程序和矿山建设管理机制，包括初步筛选和最终评估。在审核过程中，严格监控采矿权的准入条件。新采矿权转让时，转让协议必须明确规定必须完成矿山环保建设任务，并规定违约责任。对不履行义务的，由采矿权审批部门追究其责任。另外，要制定相关的监督实施细则，完善评价体系，加强对矿山环境建设的日常监督考核和年度监督。

1. 政府监管运行机制

宏观政府监管层应形成以自然资源部门为主体，环保、财政等部门为辅助的多部门协同监管机制，使监督管理覆盖绿色矿山建设的全过程和各方面。国家监管部门应加强政策法规的运用，建立有效的监管和监督机制。在实施过程中，各省国土资源、财政、环保等相关部门要随机、透明、不定期地对绿色矿山企业进行检查，各市县国土资源、财政、环保等相关部门要做好日常监督管理工作。自然资源部将会同财政、环保等有关部门，定期对各省（区、市）绿色矿山建设情况进行考核，对考核结果为不合格的绿色矿山企业，取消其绿色矿山所有权和推广资格，使其不得再继续享受矿产资源、土地、融资等各类扶持政策；同时，对新办矿山企业取得采矿权情况进行抽查，对因未开展绿色矿山建设工作或矿山企业实力不足，导致未取得采矿权的，由国土资源部门责令限期整改，逾期不整改或者整改后仍不符合标准的，应追究违约责任。

2. 社会监督运行机制

社会监督是公民直接、广泛参与绿色矿山建设的一种方式，发挥着重要作用。公民作为社会监督的中坚力量，拥有庞大而广泛的人群，可以有效监督绿色矿山主管单位履行社会责任的情况，公民发现矿山主管单位履责不力或存在偏差和违规行为时，应及时向绿色矿山建设监管联席会投诉举报，同时可以通过合理的集体行动施加压力。社会充分发挥桥梁纽带作用，及时传递绿色矿山建设的实时信息，并配合相关部门引导公民合理理性监督；媒体对矿山企业的违法违规行为进行报道，营造舆论氛围；社会团体充分发挥拥有丰富的绿色矿山相关经验和专业技术知识的优势进行专业监督。作为被监督对象，绿色矿山企业有必要建立受理当地居民、社会团体和其他利益相关者投诉的机制，及时回应他们的诉求。具体而言，可以从两个方面入手：首先，建立信息交流渠道，设立专门机构，及时与公众沟通绿色矿山建设的实时信息及相关政策、要求等；其次，建立有效的信息渠道，如举报电话、信箱、网络监督平台等，使公众提供的信息能够及时有效地传递到监管部门，接受实时监督。最后，积极回应公众举报，及时开展调查和现场检查，鼓励矿山企业自我约束、自律自强。

3. 企业监督机制

首先，企业要自我监督，成立专门检查机构，对矿山开采全过程，特别是节能减排、环境保护、土地复垦、综合利用等绿色矿山建设重点内容进行监督。其次，行业协会要按照相关行业要求和标准，对矿山企业的环境建设进行监督和指导，及时纠正和处罚不当和违法行为，切实形成行业自律。

(四) 协作机制

绿色矿山发展协作机制是指不同行为主体结成行动联盟，共同参与绿色矿山建设的过程，通过有效的沟通和信息交流，协同绿色矿山建设行为主体的目标和行为。绿色矿山建设行动者包括不同的利益相关者，主要是政府、行业和公众。

1. 绿色矿山建设主体

根据目前我国绿色矿山四级联创的工作机制，绿色矿山建设的主体从宏观、中观和微观角度分为政府、非政府组织和矿山企业三类。

(1) 政府主体

政府作为社会公共权力的拥有者和公共利益的代表，对环境资源的影响远大于其他社会主体，无疑是绿色矿山建设的主导者。绿色矿山建设政府主体的纵向视角主要涉及国家主管部门和地方各级人民政府及其下属部门；根据政府内部的各种横向分工，包括自然资源部、财政部、生态环境部等。各职能单位负责生态矿山建设的某一方面，并负责本地区政策措施的具体实施。

(2) 社会主体

中观层面的社会行动者包括公众、民间社会组织和社区。公众既是矿业发展带来的负外部效应的直接受害者，也是矿业发展带来的经济和社会效益的受益者，参与绿色矿山建设既是对自身利益的保护，也是履行公民的社会责任。公共组织是由开展或参与绿色矿山建设的矿山企业、科研院所、服务机构和相关专家自愿成立的，具有较高的社会权威和威望，能够为绿色矿山建设提供支持和服务。社区对矿业公司在环境保护、矿区地质环境管理和确保生活环境质量方面的活动进行监督。

(3) 企业主体

绿色矿山建设的具体实施者是矿山企业。矿业协会是政府和企业之间的社会中介组织，其任务是制定和实施劳动规范和标准，协调和监督矿山企业的劳动行为，参与绿色矿山建设。

2. 宏观主体内部协作

宏观层面的合作可分为绿色矿山多部门建设中的横向合作和连接中央与地方政府机构的纵向合作。横向合作，即对绿色矿山建设相关各职能部门的职责权限进行重新梳理，由自然资源部协调落实主要重点任务，财政部、国家市场监督管理总局、银保监会、证监会等其他职能部门负责具体职责。在纵向上，中央政府应对各地区的绿色矿山建设进行合理的行政控制和指导，地方政府应具有相应的自主责任和权力，选择反映地区实际情况、最符合地方政府利益的绿色矿山建设方式。具体行动包括以下方面：

(1) 国土资源部、财政部、环境保护部、质检总局会同有关部门负责绿色矿业发展工作的统筹部署，明确发展方向、政策导向和建设目标要求，加强对各省（区、市）的工作指导、组织协调和监督检查。建立国土资源、财政、环保、质检等部门的跨部门会商制度，协调资源配置和税费减免政策，完善信息发布，充分发挥政策之间的关联性和互补性。

(2) 省级自然资源主管部门应协调财政、环保等部门，共同规范和推进本省（区、市）绿色矿山发展，编制建设方案，制定绿色矿山技术标准体系，制定配套政策措施，推进绿色矿山建设；有条件的地方，指导建立绿色矿山技术标准体系。确定绿色矿业发展重点示范区，指导相关省市制定工作方案，推动和监督实施，并以进度报告的形式定期向主管部门反馈。

(3) 要在同级政府的领导下，做好市、区两级的跨部门协商，落实绿色矿山建设，制定具体可行的工作方案，推进和监督建设工程的日常工作。

3. 全主体协作

全主体协作就是政府、社会、企业三方主体共同参与绿色矿山建设，政府主导，企业牵头，社会积极配合，形成全社会共建绿色矿山的局面。由政府统筹部署和引导，掌握绿色矿山建设大局，召集社会主体形成绿色矿山推进委员会，企业作为中坚力量发挥最大效用，社会主体积极参与。各社会主体推选代表组成绿色矿山推进委员会，积极开展和参与绿色矿山建设相关的研究、规划、教育、宣传、交流、评估等工作，为全国绿色矿山建设持续健康发展提供支持和服务。行业协会应加强宣传活动，确定针对不同目标群体的宣传目的，对于矿山企业来说，应宣传绿色发展理念，引导企业建立绿色发展的企业文化；提供适当的激励措施，调动企业建设绿色矿山的积极性；推广成功经验和先进技术，为企业绿色矿山建设提供借鉴等，同时，加强舆论宣传，营造绿色氛围，提高公众对绿色矿山的认识，督促矿山企业进行绿色矿山建设。相关部委和行业协会定期召开绿色矿山建设会议，相互学习借鉴，推进区域化综合建设，提高绿色矿山建设水平，普及绿色矿山建设，建立绿色矿山长效发展和管理机制。

(五) 保障机制

1. 修订法律法规，用法律保障绿色矿山建设

法律法规建设是实现绿色矿山建设常态化的必要步骤。近年来，我国出台了一系列“绿色矿业”政策。没有政策和法律对绿色矿山建设的支持犹如无本之木，无法长久立足，因此亟须建立坚实的绿色矿山法律体系。正在进行的《中华人民共和国矿产资源法》及相关配套法规内容的修订为绿色矿山建设留下了足够的制度空间，以闭环空间从规划、设计、建设、运营、矿山关闭的矿山开发全过程及各阶段形成不同的政

策。在法律层面，进一步明确和强化企业在绿色勘查、节约资源、节能减排、保护环境、促进矿区和谐等方面的法定义务，建立绿色矿山建设的法律保障机制，引导绿色矿山建设的正常开展。根据《中华人民共和国矿产资源法》《中华人民共和国循环经济促进法》等相关法律法规，全面推行绿色矿山建设和绿色矿业发展。

2. 规范行业标准，推进绿色矿山建设与管理

结合各地客观发展实际和绿色矿山建设要求，因地制宜建立绿色矿山建设标准体系。明确企业文化、采矿方法、采矿环境与地形、矿山协调性、矿山现代化等方面的评估指标。制定宏观层面的国家标准、中观层面的行业标准、微观层面的地方标准和团体标准，建立覆盖各行业、各具特色的环境友好型矿业标准体系。同时，综合运用法律、行政、媒体等手段，加强标准规范在矿业领域的宣传贯彻。首先，自然资源部行政主管部门要负责监督和核查标准规范的有效实施。同时，要充分调动行业协会的积极性，通过提供相关培训、及时向监管部门、执法机构和矿业公司传达相关标准等方式，宣传标准和规范。此外，还提供咨询，并设立了专门的帮助热线，为相关问题和疑虑提供快速解答。

3. 创新绿色金融支持政策

一是在矿业领域，银行等金融机构可对生态环境、健康安全和项目风险进行详细评估，在符合相关要求的条件下，适当降低矿山企业融资门槛，加大对矿山环境恢复治理和资源循环利用及提供资金支持。二是鼓励金融机构在风险可控、商业可持续的基础上，推出符合当地矿山实际情况的绿色矿业专项信贷产品。三是金融服务和金融支持要向信用条件好、信息披露及时、风险管理机制健全、有社会责任感的矿山企业倾斜，促进矿业绿色健康发展。四是政府可以加大对绿色贷款的支持力度，建立绿色矿业项目库。将绿色矿山信息纳入企业贷款系统，作为银行进行贷款交易和提供其他金融服务的重要基准。五是探索建立绿色矿业担保基金，为提高绿色矿业发展的信用水平提供服务。同时，要充分调动和推动社会资本，建立相应的绿色矿业基金，为绿色矿业项目提供多元化的融资渠道。

4. 技术和人力资源支持

技术和人才是现代工业健康顺利发展的重要因素。绿色矿山建设工作量大、技术复杂，高技能、高素质的人力资源是必不可少的，必须加强绿色矿山建设的技术创新和人才培养。

根据矿业部门的业务技术发展需求，建立一个新型创新平台，将政、产、学、研和应用机构结合起来。以矿业公司为发起人，协调矿业创新研究，吸纳高校和研究机构参与研究合作，致力于共同攻克难题，促进研究成果的产业化和标准化。支持和鼓励矿业公司与相关研究机构建立长期交流与合作关系。

5. 开展专题研究，完善制度支撑，动态调整制度

针对制约绿色矿山建设发展的关键问题开展专题讨论，动态调整长效机制，及时将专题研究成果制度化。建立政策动态调整和评估机制，及时了解和监测制度执行和落实中存在的问题，对相关政策内容进行适当调整和完善。全面推进政策监测评估制度，将评估结果作为政策完善的重要参考依据，创新绿色矿山建设监管政策的总体整合性。

4. 技术和人力资源支持

技术和人才是现代工业建设顺利发展的重要因素，绿色矿山建设工作量大，技术要求高，高技能、高素质的人才资源是必不可少的，应逐步加强绿色矿山建设的技术创新和人才培养。

鼓励矿业[illegible]业[illegible]发展[illegible]，建立一个[illegible]平台，[illegible][illegible]，[illegible]图[illegible]技术，[illegible]为[illegible]。[illegible]创新研究，[illegible]致力于[illegible]绿色矿山[illegible]建立长期交流与合作关系。

5. 开展专题研究，完善制度体系，动态调整制度

[illegible]绿色矿山建设[illegible]，动态调整[illegible]，[illegible]。[illegible]，[illegible]，[illegible]建立[illegible]，[illegible]的重[illegible]依据，[illegible]合性。

参考文献

[1]卢学强.两山论指导下的矿山生态修复理论与实践[M].天津:天津大学出版社,2023.

[2]黄麟淇.硬岩矿山微震定位理论与方法[M].长沙:中南大学出版社,2023.

[3]刘学生,谭云亮.矿山岩层控制基础研究[M].北京:科学出版社,2023.

[4]邓久帅.绿色矿山技术装备系列丛书:绿色矿山技术进展[M].北京:地质出版社,2023.

[5]陈浮,邓久帅,毕银丽.绿色矿山研究与实践[M].北京:地质出版社,2022.

[6]彭苏萍,王亮.绿色矿山系列丛书:绿色矿山建设与管理工具[M].北京:冶金工业出版社,2022.

[7]彭康.尾矿综合利用与绿色矿山建设[M].长沙:中南大学出版社,2022.

[8]付恩三,刘光伟.智能露天矿山理论及关键技术[M].沈阳:东北大学出版社,2022.

[9]姚万森,袁颖,刘亚涛.矿山生态修复理论基础及应用[M].北京:地质出版社,2021.

[10]鲁岩,李冲.矿山资源开发与规划[M].徐州:中国矿业大学出版社,2021.

[11]王子云,何晓光.绿色矿山评价与建设[M].北京:中国石化出版社,2021.

[12]张亮,冯安生,赵恒勤.矿产资源基地技术经济评价理论、方法及实践[M].北京:冶金工业出版社,2021.

[13]于润沧.金属矿山胶结充填理论与工程实践[M].北京:冶金工业出版社,2020.
[14]肖蕾.绿色矿山智慧矿山研究:宁夏回族自治区煤炭学会学术论文集[M].银川:阳光出版社,2020.
[15]陈井影,高柏.铀矿山土壤生物修复理论与技术[M].北京:中国原子能出版社,2020.
[16]张巨峰,杨峰峰.矿山安全技术[M].北京:冶金工业出版社,2020.
[17]曹树刚.现代采矿理论及技术研究进展[M].重庆:重庆大学出版社,2020.
[18]方星.矿山生态修复理论与实践[M].北京:地质出版社,2019.
[19]徐良骥.矿山开采形变合成孔径雷达影像差分干涉测量理论与实践[M].徐州:中国矿业大学出版社,2019.
[20]宋子岭.露天煤矿生态环境恢复与开采一体化理论与技术[M].北京:煤炭工业出版社,2019.
[21]朱家钰,顾和和.矿山测量学[M].徐州:中国矿业大学出版社,2019.
[22]任瑞云,卜桂玲.矿山机械与设备[M].北京:北京理工大学出版社,2019.
[23]廖启鹏.绿色基础设施与矿区再生设计[M].武汉:武汉大学出版社,2018.
[24]雷涯邻,吴三忙,李莉.我国绿色矿业发展研究[M].武汉:中国地质大学出版社,2017.
[25]葛世荣,丁恩杰.感知矿山理论与应用[M].北京:科学出版社,2017.
[26]曹运江,戴世鑫,蒋建良.矿山(地质)环境保护和恢复治理理论与实践[M].北京:科学出版社,2017.
[27]温良.数字矿山建设理论与实践[M].徐州:中国矿业大学出版社,2016.

[28]张文,何希霖,姚峰.绿色矿山理论与实践[M].北京:煤炭工业出版社,2015.
[29]胡光晓,赵建杰,杨辰.走近矿山[M].北京:地质出版社,2015.
[30]卞正富.矿山生态学导论[M].北京:煤炭工业出版社,2015.